公共建筑空间组合模式对疏散效率贡献度差异研究

徐虹　著

華中科技大學出版社
http://press.hust.edu.cn
中国·武汉

图书在版编目(CIP)数据

公共建筑空间组合模式对疏散效率贡献度差异研究/徐虹著. —武汉:华中科技大学出版社,2023.9

ISBN 978-7-5680-9938-7

Ⅰ. ①公… Ⅱ. ①徐… Ⅲ. ①公共建筑-空间设计 Ⅳ. ①TU242

中国国家版本馆 CIP 数据核字(2023)第 150381 号

公共建筑空间组合模式对疏散效率贡献度差异研究 徐 虹 著

Gonggong Jianzhu Kongjian Zuhe Moshi dui Shusan Xiaolü Gongxiandu Chayi Yanjiu

---

责任编辑:王一洁

封面设计:张 靖

责任校对:谢 源

责任监印:朱 玢

出版发行:华中科技大学出版社(中国·武汉) 电话:(027)81321913

武汉市东湖新技术开发区华工科技园 邮编:430223

录 排:华中科技大学惠友文印中心

印 刷:湖北金港彩印有限公司

开 本:710mm×1000mm 1/16

印 张:9.5

字 数:158 千字

版 次:2023 年 9 月第 1 版第 1 次印刷

定 价:89.80 元

前言

在快速的城市化进程和经济发展中，人们面临着越来越多的不安全因素，直接影响亿万家庭的幸福安宁和社会稳定。公共建筑发挥着非常重要的经济社会作用，不安全因素对公共建筑的影响较大，因此公共建筑对疏散应急的要求非常高。这就对建筑学科提出了相对较高的要求，除了要对建筑本身的美观、实用和文化底蕴承载进行研究和实践，还要对建筑中的空间与人流进行科学规划和引导。

面对越来越多的不安全因素，人们越来越重视公共建筑的疏散效率。公共建筑的疏散效率与空间布局关系密切。如何实现功能组合使用需求和疏散需求之间的协调统一，形成科学合理的公共建筑空间组合分析理论与方法，成了建筑学科的一个非常重要和亟须解决的研究问题。

现代科学技术的快速发展，给建筑学科带来了巨大的机遇和挑战。传统的设计方法缺乏科学的分析数据支撑，无法快速跟上环境变化的步伐，亟须今天的建筑设计师在建筑设计完成之前，用一些积极的、科学的、有效的方法来探究建筑建成之后的运行效果。在此背景下，本书基于新安全形势下公共建筑空间中人员安全的现实需求，从多学科交叉角度出发，综合建筑学设计理论与方法、计算机模拟、地理学时空理论等科学领域的研究成果，针对公共建筑空间组合模式，开展疏散效率贡献度差异的研究，并以此作为一个重要研究契合点，向公共建筑的数字化设计与自动化评估发展趋势和方向进行初步的积极探索。

本书的主要成果包括以下四点。

（1）研究了公共建筑空间的精细化疏散评价指标。本书在充分分析公共建筑空间设计、公共建筑疏散这两方面国内外研究现状的基础上，比较了公共建筑的空间要素和疏散要素、多种组合模式的空间特点，提炼了不同组合模式的空间特点给人员疏散可能带来的影响；系统化地分析公共建筑疏散效率评价指标，包括疏散时间、疏散距离、疏散时空拥挤度、疏散时空利用率等，并以此为基础，从被疏散个体的疏散时空路径集合的角度，提出新的支持人员自由超越的公共建筑空间疏散时空利用率这一疏散评价指标，可以统一对通道、房间和空间组合等进行疏散效率评价；构建了从疏散时空路径到疏散效率精细化评价指标的自动化计算思路与方法。

（2）研究了基于时空轨迹的公共建筑空间组合的疏散模拟评估方法。本书基于被疏散个体的时空可达势能理论思路，定义了三维元胞自动机疏散模拟模型规则，提出了公共建筑空间疏散效率的三维元胞自动机疏散模拟模型、框架、算法，可以方便实现公共建筑空间的疏散过程模拟；在此基础上，建立了被疏散个体时空轨迹集合与疏散效率评价指标的映射方法，最终提出了基于被疏散个体时空轨迹集合的公共建筑空间疏散效率自动化评估方法。

（3）研究了公共建筑空间组合模式对疏散效率贡献度的测量方法。本书首先针对公共建筑设计中对空间组合模式的数值化分析需求，提出了公共建筑空间的组合层次结构图概念，用于表达公共建筑空间组合模式的层次间隶属关系以及相互关联关系；然后，基于提出的公共建筑空间组合层次结构图概念，建立了被疏散个体时空轨迹与公共建筑空间组合层次结构图的映射匹配机制，提出了公共建筑空间组合模式的疏散效率贡献度、疏散效率贡献主路径以及疏散效率贡献均衡等概念或指标，可直接用于刻画公共建筑空间组合模式对疏散效率的贡献作用，为公共建筑空间组合模式在疏散效率方面的对比分析提供计算依据；最后，形成面向公共建筑空间组合模式的疏散效率贡献度差异的新定量化评估方法。

（4）结合单一空间组合模式、一般简单建筑设计方案、国际竞标大型建筑设计方案等三个层次的实验案例，对提出的模型、方法进行了实验与分析。本书首先研发了公共建筑空间疏散效率分析实验原型系统，可以实现公共建筑空间数据的自动导入和公共建筑空间内被疏散个体的疏散过程模拟，从而获得所有被疏散个体的疏散时空路径集合及各通道、房间对应的疏散评估指标值，为空间组合模式的对比分析提供实验数据；然后，结合模拟出来的公共建筑空间内被疏散个体的疏散时空路径集合以及所提出的疏散评估指标值，分别分析单一空间组合模式、一般简单建筑设计方案、国际竞标大型建筑设计方案等实验案例的疏散效率、疏散效率贡献度、疏散效率贡献主路径及其均衡指标等，证实了提出概念与方法的正确性和合理性。

本书的研究成果能够为新安全形势下的公共建筑空间人员疏散提供模拟与分析方法，为公共建筑空间组合模式的设计提供定量化的分析对比数据支撑，为建筑学研究中的空间组合布局理论与规则提供科学分析方法和依据，为建筑设计师的公共建筑空间设计提供实用的疏散效率分析技术手段，提高建筑理论与方法在人员疏散方面的适用性，从而促进公共建筑空间组合模式设计的科学化发展。

著　者

2023 年 5 月

目录

1 绪论

建筑设计师的激情可以从顽石中创造出奇迹。——勒·柯布西耶

建筑的目标在创造完美,也就是创造最美的效益。——布鲁诺·陶特

1.1 研究背景和意义

当今社会,人们面临着许多的不安全因素,包括自然灾害(如地震、洪水、飓风、火山喷发、强冰雪、地表塌陷与沉降)、人为灾害(如恐怖威胁和袭击、生化威胁、强致命传染病、火灾)和事故灾难(如核辐射、危险有害物质泄漏)等,这些不安全因素造成了巨大的生命和财产损失(图 1-1),危及亿万家庭的幸福安宁和社会稳定。公共建筑发挥着非常重要的经济社会作用,一旦这些不安全因素造成的灾害发生,必须确保公共建筑中的人员被安全疏散。这就要求公共建筑对空间与人流进行科学规划和引导。

通常,公共建筑包含办公建筑(如写字楼、政府部门办公楼)、商业建筑(如商场、金融建筑)、旅游建筑(如旅馆、饭店、娱乐场所)、科教文卫建筑(包括科研、教育、文化、医疗、卫生、体育建筑等)、通信建筑(如邮电、通讯、广播用房)以及交通运输用房(如机场、车站建筑)等。公共建筑空间承载着人们的经济社会活动。建筑学在地形环境融合、外观设计、结构设计、力学分析、

(a) 美国“9·11”事件场景

(b) 孟加拉一购物中心坍塌

(c) 一公共建筑发生火灾

图 1-1　公共场所灾害事件

室内环境营造等方面开展了很多设计理论与方法研究，取得了非常多的成就。建筑空间是建筑中最为本质的要素，具有很强的层次性。微观层次包括形状，即长宽高三维度空间尺寸、形式、颜色、尺度等物理参数所描述的空间；中观层次指建筑所占有与围合的空间，也包含人的行为与空间的相互影响，表现为场所、情景；宏观层次指作为整体观念的建筑空间，表现为建筑间结构(安源，2009)。

城市化快速发展大大改变了公共建筑和城市形态(齐康，2009)。如何保证这些快速发展的建筑空间功能布局的科学性一直以来都是建筑学所关注的核心问题，面对越来越多的不安全因素，人们越来越重视公共建筑的疏散效率。公共建筑的疏散效率与空间布局有着密切的关系。如何实现功能组合使用需求和疏散需求之间的协调统一，形成科学合理的公共建筑空间组合分析理论与方法，成了建筑学科研究领域的一个非常重要和亟须解决的研究问题。

现代科学技术的快速发展，给建筑学科带来了巨大的机遇和挑战。比如：人类活动导致环境快速变化，传统的设计方法缺乏科学的分析数据支撑，无法快速跟上环境变化的步伐，亟须今天的建筑设计师在建筑设计完成之前，用一些积极的、科学的、有效的方法来探究建筑建成之后的运行效果。学术界因此提出了"Geo Design"的概念，力求积极联系建筑学、城市规划、土木工程、风景园林、地理学等学科，建立科学的设计方法体系，为可持续的、综合性的建筑设计与城市规划过程提供不同尺度的分析和设计依据。Geo Design 是这些学科的一个重要发展趋势，比如：Oxman(2008)指出数字化建筑设计的一些理论、知识、方法的挑战，是 Geo Design 的一个积极探索。因此，结合 Geo Design 的发展方向，为公共建筑的疏散效率的提升做出积极努力，是本书的重要立论方向。

本书在研究传统疏散时间、疏散距离、疏散时空拥挤度、疏散时空利用率的基础上，提出新的能够支持人员自由超越的疏散时空利用率评价指标；建立疏散环境中各自元胞的时空可达势能模型，并结合三维元胞自动机理论，建立基于时空可达势能的三维元胞自动机疏散模拟模型和方法；提出了公共建筑空间的组合层次结构图概念，通过分析组合层次结构图中疏散时空路径的承载情形，进一步提出基于公共建筑空间层次结构图的疏散效率贡献度及其分析方法；研发实现公共建筑空间疏散模拟仿真平台，结合实例对不同公共建筑空间组合模式、不同的公共建筑设计方案以及国际竞标大型建筑设计作品等疏散指标进行对比分析，总结出一些对公共建筑空间设计有指导性的规律和建议，为建筑学研究中的空间组合布局理论与规则提供科学分析方法和依据；为现实的建筑设计提供可行的分析方法，提高建筑理论与方法在人员疏散方面的适用性。

1.2 国内外研究

1.2.1 公共建筑空间设计研究

公共建筑空间设计一直都是建筑设计研究中非常重要的内容，近20年来学界主要从公共建筑空间设计、公共空间形式与结构、传统建筑空间探究与借鉴、特定环境行为的建筑空间设计、现代技术下的建筑空间设计等视角开展研究。

1. 公共建筑空间设计

许多学者对公共建筑空间设计进行了研究，比如覃力（2001）从建筑计划学角度探讨了高层建筑空间构成模式的演变和发展趋势；袁红（2001）从人性的角度分析城市空间的需要；林嵘和张会明（2004）分析了建筑单元空间的重复现象、组合模式以及模式之间的关键点；杨靖（2004）基于本体论对城市公共化建筑空间的功能构成类型、手法与设计原则等进行了研究，包括开放原则、依附与独立原则、多义与可选择原则、整体原则等；柴广益和林铠（2004）则关注建筑空间设计中容易对人造成伤害的空间；陆海鹏等（2005）分析了传统建筑中的模糊空间和相应的处理手法；朱建中（2005）综合分析了三种住宅空间布局方案，挖掘这些建筑空间的潜力，满足舒适要求；曾旭东等（2006）分析了计算机辅助建筑设计技术（CAAD），指出虚拟建筑设计将成为我国建筑设计实践中的主流；李晓锋等（2006）分析了科学技术对建筑空间的影响和推动作用；Del Río-Cidoncha 等（2007）对比分析了一些建筑平面设计策略；包家玲（2007）对办公建筑空间的组合进行了研究；韩晓峰和韩冬青（2008）从对象、目标、过程和方法的角度进行了建筑设计分析的对比；唐建等（2010）研究了建筑空间的冗余性，以增强空间的适应性和灵活性;张成明(2010)分析了建筑空间的9种调式(高长调、高中调、高短调、灰长调、灰中调、灰短调、低长调、低中调、低短调),提供了一种建筑空间分析的思路;王伟华等(2011)从微观角度分析了城市公共化建筑空间的空间形态与环境设计融合;李娜等(2011)从自然、文化和欲求等方面分析了个人行为对建筑空间的需求;耿化民(2011)等基于运筹学的理论研究建筑设计方法,包括虚拟模型、定量分析、建筑计划制定、使用后评估等方面,提高了建筑设计的科学水平;唐瑾等(2011)指出建筑设计中关注自然、地域和生活等才能创造建筑空间的长久生命力;Abdullah 等(2011)从全局观的角度分析了建筑设计中的设施空间规划;薛清华(2011)探讨了对建筑空间构成要素的表达与理解、运用;陈琦和庄惟敏(2011)分析了在社会需求法则下的建筑设计中空间的多元化;朱小地(2012)剖析了典型建筑的设计方法,明确了建筑形式中"层"的概念、处理方法以及"层组"的思维途径,表达建筑秩序及建筑空间形态形成过程;吕斌等(2012)总结了公共文化建筑设施的集中与分散建设模式、使用效率与混合功能、周边多样交通等,并指出了我国部分地区公共文化建筑设施建设的问题,包括供给模式单一、建设规模缺乏思考、设计尺度缺乏人性化等;Maher 等(1997)采用活动/空间模型,根据建筑的需求进行建模;胡海军等(2012)讨论了城市建筑空间的营造,需要结合建筑设计与城市发展,体现人文精神;冯果川等(2012)探讨了保障房住户参与的建筑空间的设计过程;时匡(2012)从组群空间的角度分析了扬州新城的规划、建设设计、景观设计等实践;Richard Koeck 等(2012)用电影式的思考来分析建筑空间的创作过程;文佳银(2012)分析了建筑空间的空间序列和时间序列等形态;Guerra Santin 等(2013)分析了建筑中能源使用空间的影响;Paramita 和 Fukuda(2013)研究了 Kitakyushu 区域内相同温度、湿度和风向环境的两组建筑空间设计;崔岩等(2013)详细介绍了大连国际会议中心的空间设计;鲍家声等(2013)讨论了开放建筑的空间理念和设计策略,介绍了开放建筑的空间设计和建造模式实践;王东明(2013)分析了公共建筑空间的组合设计概念和构成要素,探讨了不同公共建筑需求的空间设计特点和要求;宁奇峰(2013)对酒店设计的多元素进行了分析研究,指出了整体设计中的多元素的叠加和设计亮点创造方法；郭湘闽等(2013)依据空间句法探索城中村更新的新途径，从而优化城中村空间；林磊和魏秦(2013)以和谐为原则，融合经济、社会、文化和生态等对街道空间进行更新；Besserud 等(2013)研究了建筑结构设计协作中的构架急迫问题，从区域、城市、建筑等三个尺度分析了代谢更新流的设计问题；浦欣成等(2013)分析了乡村聚落的空间形态秩序，并进行了方向性秩序的定量研究。

2. 公共空间形式与结构

建筑空间是一个多元的、多义的、复杂的综合体(刘永德，1998)，其设计需要空间组成要素，还需要人文要素的融合。针对公共空间形态与结构的自然、物理和社会等属性，许多研究人员开展了研究。Carter 和 Whitehead (1975)用聚类方法来分析多层平面规划；陈大锦(2005)借助于各个历史时期和各种文化形态的建筑设计实例，系统地论述了建筑概念和建筑组合，提供了清晰便捷的设计方法；高巍(2003)分析了大型超市建筑空间形态；郭志明(2006)对建筑中相同或相似的建筑单元空间组合现象进行了研究，讨论了建筑空间的组织模式及其形成原因；穆清(2006)总结了非线性建筑空间思想和手法实现，包括“中和”有序、“能指”的虚弱与扩张、事件的重叠转译、自相似的层级、建筑与其他系统的语义交换以及时空对话等；胡仁茂(2006)把大空间建筑作为一个整体，研究大空间建筑的本质特征和规律，探讨其设计方法和实践；梁路(2006)从人性化的现代办公建筑空间需求出发，将建筑空间与人化品质进行综合，提出现代办公建筑空间人性化设计；夏非(2006)从建筑空间组织的角度探讨了当代建筑空间叠合形态及其对建筑空间结构的影响；王浩(2006)从物质结构、空间结构和形式结构的角度分析了建筑更新的关联性；朱雷(2007)从设计要素和机制的角度分析了建筑空间设计的若干模式，提出“形态—构件”“结构—系统”的分立与连续基本空间关系设计模式；贺丽洁(2007)分析了高校餐饮建筑主体空间的类型变化、流线组织、空间组合特点，提出了就餐空间、中庭空间、交往空间、室外空间等针对性的空间环境设计原则与手法；曾鹏(2007)从建筑空间的层次研究了创新空间单元的建筑空间类型；叶君放（2007）从建筑空间结构效能的角度来对“空间结构评价模式”进行量化分析，包括空间利用率、空间可识别性、空间可交流性和空间安全性等；李肇颖（2008）将垂直交通按其与建筑空间之间的逻辑关系分为四类，即场地型垂直交通空间、混淆型垂直交通空间、空间型垂直交通空间、纪念型垂直交通空间；章泉丰（2009）总结了五种坡地建筑群空间结构形成手法，包括起伏、顺延、开合、分支和覆盖范围；安源（2009）基于自组织的动态视角和观念分析了西方建筑空间演化过程，提取出空间自组织演化的一般特征与规律；朱丽娜（2009）对城市公共建筑空间的无障碍设计进行了设计原则分析，提出了一些可操作的设计方法；叶芸（2010）研究叙事文本和建筑空间结构的发展关联性，特别是从线性到非线性的过程中结构在重组、界面融合方面的发展；黄学谦（2010）从分形自相似角度来分析公共建筑空间的自相似现象，比如嵌套式、弥漫式、分裂式、螺旋式等形式的结构，构建一种局部与整体共生的整体性建筑空间结构；黄选美（2010）强调了公共建筑空间伦理设计的重要性，从理论层次、文化层次和应用层次分析了公共建筑空间的设计伦理，对建筑风格与空间布局中人与人的关系、艺术性、与权力和政治文化关联、与大众文化关联及生态道德等方面进行了论述；逢敏莉（2010）说明了室内设计中的空间变化、布局改变等对建筑内部空间的补充和提升作用；秦晓彦（2011）分析了影响空间可识别性设计的因素，研究了在复杂空间组织下铁路客站空间的可识别性问题及其设计要点，从建筑外部形态与出口、内部空间布局和环境等方面提出了相应的优化策略；陈聚丰（2012）从建筑空间设计的角度分析了中小城市行政办公建筑空间形态，结合公共性与开放性、弹性与适应性、可识别与复合性等设计要求，探讨了中小城市行政办公建筑空间的设计方法；Suter（2013）分析了建筑设计中网络空间的结构和空间一致性；Grabner 和 Frick（2013）研究了通过环境反馈的建筑空间设计方法。

另外，刘海力（2010）借助拓扑学、仿生学、大地形构等来解析公共建筑空间界面一体化设计，力求达到建筑空间、城市空间与景观的一体化设计，实现景观的连续性；金华（2011）从科学和哲学角度分析非线性建筑的建筑空间的必然性，梳理了非线性空间的表达方式。

3. 传统建筑空间探究与借鉴

中国传统建筑是中国历史悠久的传统文化和民族特色的最精彩、最直观的传承载体和表现形式，传统建筑在组群布局、空间、结构、建筑材料及装饰艺术等方面有着许多共同的特点，典型的中国古代建筑的类型包括宫殿、坛庙、寺观、佛塔、民居和园林建筑等。这些传统建筑给现代建筑设计留下了丰富的人文精神和合理的建筑空间布局经验，非常值得借鉴与继承。很多学者开展了该方面的研究工作，比如周伟(2004)构建了传统民居整体生态空间的结构框架，提出建筑空间中绿色重构设想，讨论传统民居的再生的绿色方向与可行途径；邓赵君(2006)分析了传统民居聚落形态向现代城市住宅空间的演变形态；肖宏(2007)阐述了传统建筑文化在现代室内设计中的继承与发展的原则与方法，分析了徽州古村落景观特征、徽州建筑空间特征、徽州建筑装饰艺术以及徽州建筑文化的审美心理等在现代室内空间设计中的继承与发展；谭抗生(2008)对福建客家土楼的建筑空间进行了研究，分析了土楼空间内外部空间的特性，阐明其对现代建筑空间形态设计的启发；武宁(2008)以京西地区传统聚落为例，研究了公共空间结构与布局、合院空间结构构成的物质空间结构，以及聚落公共空间中心、方向、领域、群组的结构方式；沈超(2009)从风水学理论和宗族学理论角度分析徽州祠堂建筑空间形态特点，总结其形成和发展的主要因素；叶尔森(2009)解析了哈萨克族毡房建筑空间特点，并与居民特点、气候环境、文化背景及风俗等联系起来；余馨(2011)分析了中国传统楼阁建筑空间单体与架构，把楼阁空间与中国传统思想文化关联，阐述与环境构成整体空间的表达手法。

4. 特定环境行为的建筑空间设计

特定环境存在一些特定的人的活动行为，这对建筑设计提出了功能性的使用要求，存在一些建筑特点、基本理论与变化规律。建筑与环境的结合与融合是建筑设计的重要原则，建筑应该充分体现对已有环境的尊重和利用。李志民和王琰(2009)结合环境空间认知和人体功能学对建筑设计及其公共空间行为模式进行了总结，提出了"直线型"设计模式、"环型"设计模式，介绍了使用后评价在全新建筑空间设计中的应用；孙莞(2007)从个体行为的角度分析了建筑空间设计需求；薛铁军(2004)对医疗建筑空间命脉体系(空间与流线组织)进行设计取向、设计理念和信息技术影响的诠释，借助SARS情况说明了传染病医院的设计方法；杨坤(2006)讨论了创意产业园的建筑空间影响因素，分析这些空间要素及其关系，包括空间的量、形、界面和联系等；方涛(2008)针对博物馆建筑设计，提出了空间整合设计的五个原则(功能的融合性、空间的整体性、时间的连续性、服务的开放性和流线的立体化)和五个策略(融合功能布局、统一空间属性、复合流线组合、整体设置景观以及协调空间氛围)；岳欢(2008)从空间秩序的延续、空间场所的营造以及景观风貌的控制等方面研究了历史街区的保护性城市设计，尤其对街巷空间类型以及院落空间营造等进行了探讨；白晓霞(2011)从医院建筑空间系统功能效率角度，归纳了空间系统层次和联系的效率设计策略和空间配置策略；张峰率(2012)分析了商业空间结构中规划与演化的特点，从宏观、中观和微观层面分析城市、区域和建筑的空间结构演化作用，解析了大型商业建筑空间结构新特征，比如拓展新附属空间来辅助商业行为、强化区域特性和扩大服务范围、服务型大型商业建筑空间呈上升态势、商业区域分布扩展明显、商业分类多元。

5. 现代技术下的建筑空间设计

面对建筑的节能、绿色生态、抗震、安全、舒适等要求，现代高科技如计算机技术、多媒体通信、智能安保、环境监控等与建筑艺术相互融合，提高了建筑空间设计的技术水平和艺术水准，促进建筑与自然环境、人文环境融合。高福聚(2002)从仿生工程学的角度来分析建筑空间结构，证明了仿生的建筑用料省、强度高、刚度大、稳定性好且具有艺术美，并引入分形、拓扑、混沌和组合等概念，提出仿生结构的特征标度；邓磊(2005)从城市与建筑空间发展与使用要求的角度出发，总结了城市共享化的建筑空间设计的一些基本原则和设计方法；李学军(2005)基于人工神经元方法来辅助体育馆建筑结构概念设计；任军(2007)指出新的科学观和计算机技术更新了建筑的空间观、审美观和形态观；曾鹏(2007)研究了在信息化手段支持下的建筑空间特质和演化发展；侯兆铭(2008)从结构空间、交通组织、整体功效等角度对高层建筑进行有针对性的功能优化分析；张红(2009)对城市建筑空间与城市交通空间的构成要素、整合范围与特性等进行了论述，总结了相关的整合原则与方法，提出一些整合模式；李晚珍(2012)基于空间结构理念对建筑内部承受力进行了设计优化；Gijón-Rivera 等(2013)用不同类型窗户模拟墨西哥城不同类型办公室的使用效果；Talbourdet 等(2013)提出了一个基于知识辅助的高性能建筑设计方法；Peters(2013)总结了一些建筑设计计算中的算法思路。

1.2.2 公共建筑疏散研究

公共建筑疏散研究大多集中在疏散理论模型、疏散行为与仿真、建筑空间设计等方面。

1. 疏散理论模型

在疏散理论模型方面，有些学者结合元胞自动机、格子气、社会动力学、流体动力学、智能体、博弈论等(Zheng，2009)来建立人员疏散模型。

(1)元胞自动机模型通过环境与人、人与人之间的交互，实现动态疏散过程的演化。宋卫国(2005)研究了一种考虑摩擦和排斥的人员疏散元胞自动机模型；Pelechano 和 Malkawi(2008)分析了元胞自动机模型在高层建筑疏散中的建模挑战，总结了模拟人行为的一些规则；肖东升(2009)扩展了元胞自动机模型和概率理论，研究建筑空间个体的有序性变化规律，对地震灾害压埋人员进行情景分析与评估；蒋桂梅等(2010)扩展了元胞自动机模型，加入了摩擦力、排斥力、吸引力对逃生的影响概率；李伟(2010)基于元胞自动机模型来仿真包含障碍墙的建筑空间内人群疏散，用人群流动速度、人群密度、疏散时间来评价人员疏散能力，用疏散出口布局、疏散路线及疏散设备的效果等来评价建筑环境。

(2)格子气模型反映疏散过程的动态特征(Guo 和 Huang，2008；Elhadidi 和 Khalifa，2013)。宋卫国等(2008)基于格子气模型框架，结合平均场模型提出一种考虑人数分布特性的人员疏散模型，可以得到疏散人数与疏散时间的定量关系；张伟力等(2010)综合考虑社会力因素，将优势方向权重算法与偏向随机行走格子气模型结合建模，模拟宿舍火灾人群疏散。

(3)社会动力学模型通过描述人的动机，从整体上分析疏散过程的影响。刘茂和王振(2006)综述了行人和疏散动力学研究现状及进展；陈涛等(2006)修正了社会动力学模型，减少疏散过程中的冲撞程度和震荡现象；孙立(2007)基于群集动力学建立了人群疏散完成时间随疏散通道宽度变化的定量模型；田玉敏等(2008)对比分析人群动力学中正常人群和疏散中的恐慌人群动力学模型，提出了疏散时间综合计算方法；陈晋等(2005)基于系统动力学和 STELLA 系统软件，分析了采取不同疏散策略所产生的避难效果差异；胡清梅(2006)以社会力模型仿真行人运动，构建大型公共建筑环境中人群拥挤仿真软件，分析单向行人流的瓶颈与通行能力，为大型公共建筑布局提供设计依据；王振等(2008)基于人群密度-人流通过率模型，分析疏散过程中的人群堵塞和恢复过程；曾红艳(2010)基于社会力模型的 Legion 仿真软件，对人员紧急疏散实例进行仿真分析。

(4)流体动力学将拥挤人群视为连续介质，研究宏观上的紧急疏散速度与密度的关系。Colombo(2005)提出连续行人流模型，分析疏散过程恐惧情绪对疏散人流的影响；毕伟民(2008)基于火灾动力学和疏散理论，采用“FDS＋Evac”软件对建筑火灾中的人员疏散行为进行模拟；代宝乾(2010)提出人员流动类似于气体和液体的流动的现象，建立了基于流体动力学的人员疏散和基于人群扰动的人员疏散理论模型；季经纬等(2011)采用计算流体动力学软件 FDS 和大型疏散模拟软件 buildingEXODUS 对徐州某大型超市进行火灾时人员疏散的模拟。

(5)智能体模型模拟个体行为，通过多智能体之间的交互机制建立一个社会系统。崔喜红(2008)和刘晓平(2008)提出基于多智能体的公共场所人员疏散模型;一些学者从人群疏散(Balducelli,2000;Henein,2005)、建筑疏散(Pelechano,2008)、危急疏散(Murakami,2002)等角度进行深入研究;刘敏等(2010)、杨念(2011)研究了基于多智能体的大规模人群疏散模拟方法;陈鹏等(2011)基于多智能体与GIS集成模拟了体育场的人群疏散。

(6)博弈论模型是反映被疏散者的心理状态和决策过程,人群行为与心理因素的复杂性系统。周勇等(2008)提出了基于参与者、策略空间和收益函数的人员疏散博弈模型,分析人员疏散的博弈过程,得出在被疏散人员追求个人收益最大化以及无有效约束和管制的情况下Nash均衡解;钟平(2010)应用博弈论的方法,针对受限空间内逃生者疏散行为特点,建立了一个基于博弈论的疏散模型。这些建筑疏散的理论研究基本都是基于通道网络的疏散过程和行为理论建模,侧重于在考虑个体行为和交互的基础上,实现系统优化的疏散过程,很少涉及疏散者的认知负担和环境辨识时间等理论问题。

2. 疏散行为与仿真

在疏散行为与仿真方面,20世纪90年代以来,研究人员不仅研究疏散优化模型,还逐步研究疏散人员的行为反应,包括信息察觉、信息确认、疏散准备以及逃生过程的行为。影响人群疏散行为的因素有人群密度、人群特性、几何空间、事故因素等。疏散行为研究一般都被集成到疏散模型中进行比较分析。Guylène(1995)分析了疏散的运动行为;阎卫东(2006)开展了建筑物火灾时人员行为规律及疏散时间的调查研究分析;Elvezia(2009)研究了行人流拥挤行为造成疏散容量骤降现象;Kobes等(2010)研究了酒店内夜间火灾疏散情况下的寻路行为;朱书敏(2010)总结了一些人员特性、反应特性、人员聚集状态等对建筑疏散的影响;詹新等(2012)重点分析了人员疏散路径的选择和人格特质的关系;Wu等(2010)讨论分析了基于流量控制的疏散过程动态特征;翁小雄等(2011)针对家庭集群模式研究了高层住宅家庭的一致化逃生行为;胡清梅(2006)分析了大型公共建筑环境中人群拥挤机理及群集行为特性；Fang 和 Song 等(2010)试验分析了被疏散者的出口选择行为；继而，Fang 和 Song 等(2012)通过视频来分析建筑疏散过程中某些行为特征；张培红等(2002)分析了人员疏散行为的目标规则、约束规则和运动规则，进而研究人员疏散的行为规律；Ovenand Cakici(2009)通过研究发现被疏散者的经验知识和偏好严重影响疏散速度。疏散行为是疏散过程研究中最复杂和最困难的内容。

公共建筑的疏散受其中疏散人员的个体差异、疏散速度快慢、障碍物的数量及布局差异、疏散出口宽度等因素的影响(何招娟，2012)。疏散仿真是疏散研究中一种最常用的验证手段，目前建筑疏散仿真软件有 EVACNET4、EXODUS & buildingEXODUS、EXIT89、SIMULEX、STEPS、SGEM 等，这些疏散软件大都以建筑通道网络(Zhi 等，2003；Pursals 和 Garzón，2009；Rüppel 和 Schatz，2011；Qiang 等，2011)的方式进行建模与表达。罗毅勇(2007)针对大空间建筑人员安全设计的安全性评价问题展开研究，确定了大空间建筑人员疏散安全评估的程序和方法，用 EVACNET4 和 FDS 软件对某建筑进行评估，发现设计中存在的中庭和联排商铺问题；谢正良(2007)用 FDS 软件对大空间建筑性能化防火设计进行了研究，并进行了区域和场模拟对比；Ren 等(2008)提出一个基于虚拟现实的火灾疏散模拟系统；Tang 和 Zhang(2008)提出基于 GIS 的三维疏散模拟模型 AutoEscape；胥旋(2009)基于多格子模型编写了 MultiGo 软件，模拟疏散瓶颈处人群的拱形分布、拥塞、间歇性人流等自组织现象，分析楼梯入口和出口流率、人数变化以及各层的疏散时间；孔维伟(2010)用 STEPS 软件建立地铁人员安全疏散模型，对多层地铁交通枢纽安全疏散进行了模拟分析，为疏散预案评价和指挥提供依据；刘俊卿(2010)探讨了公共建筑空间群体紧急疏散问题，提出基于时间优化的多出口紧急疏散优化模型，利用 EXODUS 软件分析整体疏散时间和各个疏散出口的疏散分配人数，以求能够充分利用疏散出口，提高整体疏散效率；Rüppel 和 Schatz(2011)提出"Serious Human Rescue Game"等，这些模拟工具和系统提供了较实用的建筑群疏散分析工具，主要用来评估疏散性能以及疏散措施的效用，不能实际指导每个被疏散个体的安全撤离过程；张杰（2011）针对建筑的临时出口宽度进行分析，运用FDS＋Evac软件模拟公众聚集场所室内火灾时人员所需疏散时间和可用疏散时间；Chen 和 Feng（2009）以及 Pursals 和 Garzón（2009）研究通过优化整体疏散路径来减少疏散时间，为疏散效率提高提供了一种思考角度；李勇（2010）用PSO算法开发出单层建筑物人群疏散仿真原型EvacuaSim；翁韬和胡隆华（2012）用buildingEXDOUS软件模拟大型商业建筑人员整体疏散与层次疏散策略，认为整体疏散较为保守，层次疏散对非首层楼层的效率较高。

3. 建筑空间设计

针对公共建筑中的空间设计问题，有些学者也从事了一些研究工作。杜文丽（2005）针对设有中庭的高层建筑防火安全疏散设计进行了研究，从设计方法和性能化设计手法角度分析了设有中庭的高层建筑疏散设计的要求和措施；曹辉（2006）针对公共建筑综合体防火安全疏散进行研究，分析疏散相关的建筑空间特性和功能分区，影响疏散时间的因素包括个体与群体因素、安全疏散设施等，提出了安全疏散设计策略；黄珏倩（2006）基于双区域模型思想，从建筑平面大空间钢结构角度研究抗火规律，提出了实用设计方法；阎卫东（2006）通过问卷调查和疏散演习的方式，研究了建筑物火灾时人员行为规律及疏散时间规律，建立了应急疏散时间的回归模型；陈庚（2007）建立开发空间人群疏散网络的静态和动态网络模型，对最短路径和最大流进行计算分析，帮助制订开放空间的疏散预案；王振（2007）提出人群聚集风险理论，研究聚集人群的恐慌情绪及骚乱行为，建立了人群拥挤踩踏事件的定量模型PMCDT，并采用事件树和人群动力学研究了城市公共场所人群聚集风险；王富章等（2008）对疏散模型的空间划分、疏散人员行为特征和疏散模型进行了对比分析；杨勇（2009）针对城市避难人群在开敞空间的疏散过程，研究了选址因素、开敞空间的服务范围和评价指标；黎昌海（2010）针对建筑火灾场景——腔室火灾进行研究，以自行设计的船舶封闭空间为研究对象，分析了封闭空间内火焰噪声特性和色彩空间特征、无开口封闭空间的池火行为特征，建立无开口封闭空间熄灭时间预测模型，分析了不同油池高度对池火行为的影响；陈海涛等(2012)建立了一种高层建筑楼、电梯疏散模型，给出电梯的两种运行方案，对比分析时间浪费和减缓疏散的程度；范珉(2010)研究了公共建筑突发集群事件的演化模型，分析了人群聚集指标、应急疏散指标等预警指标，建立公共建筑突发事件下的心理疏导预案的信号传播博弈模型，对疏散管理预案的建立奠定基础；徐茜子(2010)建立了一个基于GIS的人群疏散模型，微观仿真人群疏散动态，可以对建筑物的设计进行优化；王厚华等(2010)开发高层建筑人员疏散时间预测系统，模拟比较了多功能建筑火灾人员逃生可用安全疏散时间；傅荣生(2011)针对大空间设计中经常遇到的疏散人数不易确定、疏散距离超过国家规范等问题，引入性能化设计评估方法进行模拟分析；张茜等(2011)分析了与疏散相关的智能系统，描述了建筑智能疏散系统构架的流程、原理、方式和方法；唐方勤等(2011)针对建筑物人员疏散问题提出模拟方法，帮助确定面向建筑CAD设计图纸的疏散效率评估流程；亓延军等(2011)基于模糊层次分析法分析了某超高层建筑疏散效率，说明疏散宽度和人员数量对疏散效率影响较大；宗欣露(2011)建立了蚁群优化算法的多目标人车混合时空疏散模型，以及基于粒子群的人车混合疏散模型，为大型公共场所提供突发应急的人车混合疏散方案；孙晋龙(2011)针对安全疏散性能和耐火性能设计要求，分析行人行为和心理对各疏散时间段的影响；胡震(2011)提出了高校建筑空间应灾设计策略，包括应急避难空间、交通疏散空间、医疗空间、物资储备空间等的应灾设计，并对建筑内部空间结构进行了分析；何招娟(2012)基于“建筑信息模型”(building information model，BIM)和Agent的元胞自动机理论，研究大型公共场馆安全疏散合理改善的方法，比如疏散出口宽度变大、疏散出口个数增多、疏散指示牌合理设置等；李小鹭(2012)对多层民用建筑疏散楼梯设置形式进行了探讨，分析了防火规范存在的客观问题；Galiza和Ferreira(2013)对室内人流的特征提出了人流转换成基准流的方法，为疏散中人流的规律刻画提供了实用方法。

1.2.3 国内外研究的不足

在公共建筑空间设计研究方面，许多研究工作针对公共建筑空间设计、公共空间形式与结构、传统建筑空间探究与借鉴、特定环境行为的建筑空间设计、现代技术下的建筑空间设计等开展，具体工作都遵循我国建筑设计防火规范，新技术也逐步被引入建筑设计中，对建筑设计有促进作用。但是，在满足空间限制和使用需求的前提下，公共建筑空间如何科学地组合，使得疏散效率得到最大化提高，是一个尚未解决的关键研究问题，这个问题的解决对公共建筑空间设计的科学化和可持续化都至关重要。

在公共建筑疏散研究方面，以往研究往往偏重模型、仿真和设计方法的研究，比较关注公共建筑的整体疏散性能评价和疏散预案分析，较少有学者科学分析公共建筑空间结构组合方式对疏散贡献度差异的影响。公共建筑空间组合的设计缺乏疏散方面的指导，对疏散管理的指导也缺乏有效的方法和指导原则，这对公共安全影响日益严重的社会形式下的公共建筑疏散和应急管理相当不利。

1.3 研究内容与组织结构

1.3.1 研究内容

本书从多学科交叉角度，结合公共建筑空间设计和公共建筑疏散这两个相关的研究领域，研究公共建筑空间组合方式对疏散的影响和量化分析，提出建筑结构组合的疏散效率贡献度分析方法，可用于公共建筑设计中的空间组合设计，通过提供定量化的分析，为建筑数字化研究与设计提供面向疏散效率的研究理论以及与实际设计紧密结合的分析方法，具有一定的研究价值和实用意义。

本书有以下几个方面的研究内容。

（1）分析公共建筑的空间要素和疏散要素、多种组合模式空间特点，以及这些模式空间特点给疏散带来的影响；系统化地分析公共建筑疏散效率评价指标，并以此为基础，从被疏散个体的疏散时空路径集合的角度，提出支持人员自由超越的公共建筑疏散时空利用率评价指标，以统一对通道、房间和空间组合等的疏散效率评价。

（2）基于时空可达势能的理论思路，提出公共建筑空间疏散效率的三维元胞自动机疏散模拟模型、算法框架，实现公共建筑空间的疏散过程模拟；在此基础上构建时空轨迹与疏散效率评价指标的映射，提出基于时空轨迹的公共建筑空间疏散效率自动化评估方法。

（3）针对公共建筑设计中对空间组合模式的数值化分析需求，提出公共建筑空间的组合层次结构图概念；基于公共建筑空间组合层次结构图，建立时空轨迹与公共建筑空间组合层次结构图的映射，提出公共建筑空间组合模式的疏散效率贡献度、疏散效率贡献主路径及疏散效率贡献均衡等概念或指标，用于明确公共建筑疏散中空间组合模式的作用。

（4）研发公共建筑空间疏散效率分析实验原型系统，实现公共建筑空间内被疏散个体的疏散过程模拟，得出所有被疏散个体的疏散时空路径集合以及疏散评估指标值；分析单一空间组合模式、一般简单建筑设计方案、国际竞标大型建筑设计方案等实验案例的疏散效率、疏散效率贡献度、疏散效率贡献主路径及其均衡指标等，证实所提出概念与方法的正确性和合理性。

1.3.2 组织结构

本书的组织结构如图 1-2 所示。

第 1 章是绪论，主要提出本书的研究背景和研究意义，结合公共建筑空间设计研究、公共建筑疏散研究这两大方面进行国内外研究现状的综述和

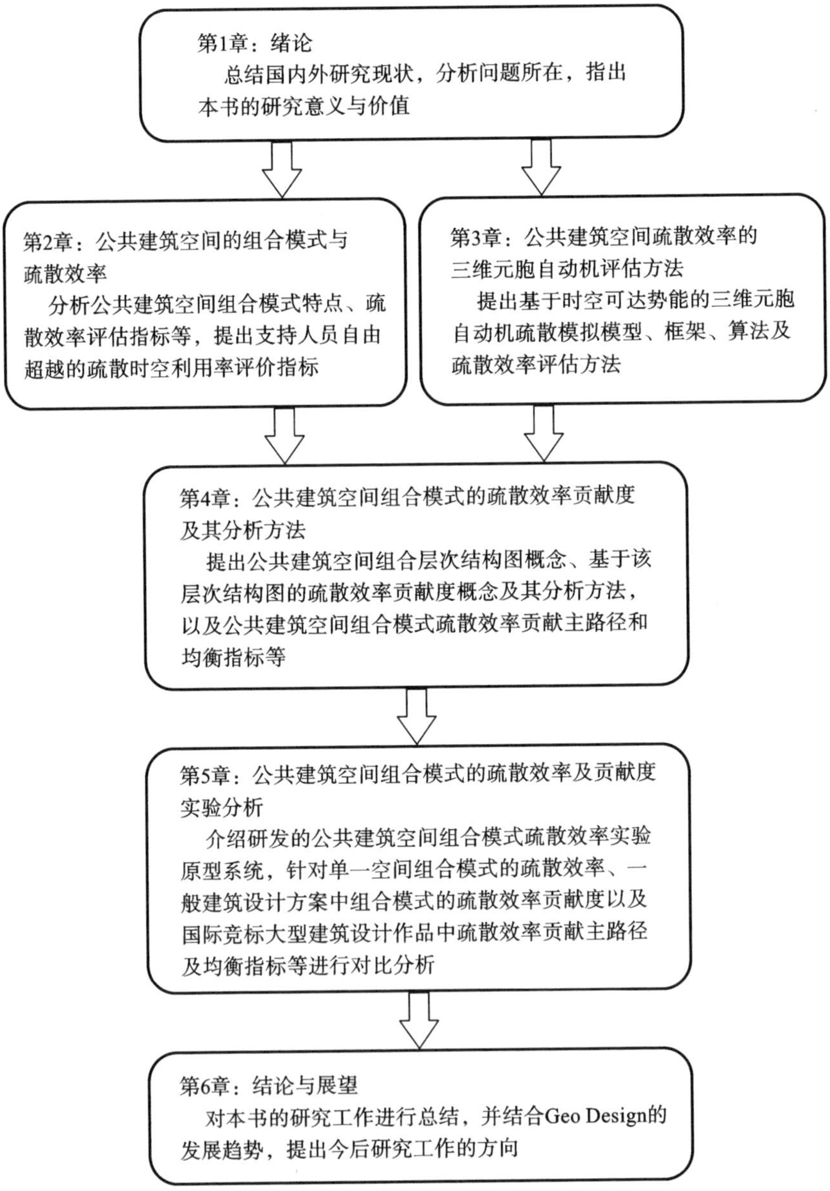

第1章：绪论
总结国内外研究现状，分析问题所在，指出本书的研究意义与价值

第2章：公共建筑空间的组合模式与疏散效率
分析公共建筑空间组合模式特点、疏散效率评估指标等，提出支持人员自由超越的疏散时空利用率评价指标

第3章：公共建筑空间疏散效率的三维元胞自动机评估方法
提出基于时空可达势能的三维元胞自动机疏散模拟模型、框架、算法及疏散效率评估方法

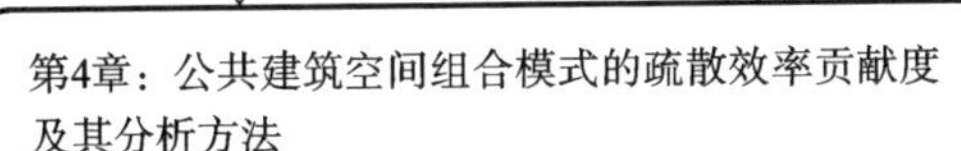

第4章：公共建筑空间组合模式的疏散效率贡献度及其分析方法
提出公共建筑空间组合层次结构图概念、基于该层次结构图的疏散效率贡献度概念及其分析方法，以及公共建筑空间组合模式疏散效率贡献主路径和均衡指标等

第5章：公共建筑空间组合模式的疏散效率及贡献度实验分析
介绍研发的公共建筑空间组合模式疏散效率实验原型系统，针对单一空间组合模式的疏散效率、一般建筑设计方案中组合模式的疏散效率贡献度以及国际竞标大型建筑设计作品中疏散效率贡献主路径及均衡指标等进行对比分析

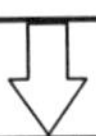

第6章：结论与展望
对本书的研究工作进行总结，并结合Geo Design的发展趋势，提出今后研究工作的方向

图 1-2　本书的组织结构和主要研究点

分析，然后对国内外研究工作中的不足进行总结，提炼出本书的研究内容和相关研究多学科交叉的特点，对建筑学科研究工作具有积极意义。

第 2 章是公共建筑空间的组合模式与疏散效率，主要分析公共建筑空间要素与疏散要素，对比公共建筑空间组合模式对疏散效率的影响，系统地分析公共建筑空间的疏散效率评价指标，提出新的、统一的支持人员自由超越的公共建筑空间疏散时空利用率这一疏散评价指标，为第 4 章的分析奠定理论基础。

第 3 章是公共建筑空间疏散效率的三维元胞自动机评估方法，主要介绍基于时空可达势能的三维元胞自动机疏散模拟模型，定义了元胞自动机模型的主要规则；提出三维元胞自动机疏散模拟框架及其算法，以及基于时空轨迹的公共建筑空间疏散效率评估方法。

第 4 章是公共建筑空间组合模式的疏散效率贡献度及其分析方法，主要针对公共建筑空间组合模式的疏散分析需求，提出公共建筑空间的组合层次结构图，并以此结构图为基础，提出公共建筑组合模式的疏散效率贡献度、疏散效率贡献主路径和均衡指标等，对疏散效率贡献形成新的定量化评估方法。

第 5 章是公共建筑空间组合模式的疏散效率及贡献度实验分析，主要介绍研发的公共建筑空间疏散效率分析实验原型系统，结合模拟出来的公共建筑空间内被疏散个体的疏散时空路径集合以及所提出的疏散评估指标值，分析单一空间组合模式、一般简单建筑设计方案、国际竞标大型建筑设计方案等实验案例的疏散效率、疏散效率贡献度、疏散效率贡献主路径及其均衡指标等。

第 6 章是结论与展望，总结本书的研究工作，并结合多学科交叉领域的 Geo Design 发展趋势，提出今后研究工作中有意义和价值的方向。

2　公共建筑空间的组合模式与疏散效率

建筑是用结构来表达思想的科学性的艺术。——弗兰克·劳埃德·赖特

空间与形式的关系是建筑艺术和建筑科学的本质。——贝聿铭

2.1　公共建筑空间要素与疏散要素

刘永德(1998)定义“建筑的整体造型,是点、线、面、体在空间中的凝结和集聚”,从功能要素(路径与场所等空间要素)、形象要素(自然、建筑与人体形态)、概念要素(建筑的几何抽象、社会伦理与文化等概念)、关系要素(几何、构图、结合、力学)和构成方法(变化和秩序法则、空间限定)等角度归纳了建筑空间组合要素(图 2-1),比较全面地概括了建筑空间的要素及其相互关系。陈大锦(2005)从几何形态上也重点归纳了建筑空间的点要素、线要素、面要素、体要素等基本要素。

疏散是公共建筑中保障人员安全的一种特殊需求和应急途径,对疏散这一特殊需求而言,公共建筑空间的功能要素、关系要素和构成方法显得比较重要。下面针对疏散需求,对公共建筑空间要素和疏散要素进行归纳分析。

建筑空间组合要素

- 功能要素
  - 路径
    - 主要通道
    - 次要通道
    - 引道
    - 小路
    - 广场
    - 交叉口
    - 步行路
    - 车步共道
  - 场所
    - 区域
    - 边界
    - 独处
    - 社交
    - 公共交往
    - 公共活动
    - 视听
    - 自主活动
    - 功能活动
- 形象要素
  - 自然形态
    - 地形
    - 地势
    - 地被
    - 水体
    - 自然生态
  - 建筑形态
    - 房屋
    - 构筑物
    - 铺地
    - 小品
    - 广场
    - 道路
  - 人体形态
    - 活动状态
    - 体态
    - 仪态
    - 服饰
- 概念要素
  - 抽象几何概念
    - 点
    - 线
    - 面
    - 体
    - 空间
  - 社会伦理概念
    - 社会规范
    - 风俗
    - 心理
    - 观念
    - 习惯
    - 价值
  - 文化概念
    - 象征
    - 词语
    - 图式
    - 涵义
    - 哲理
    - 传统
- 关系要素
  - 几何关系
    - 几何
    - 拓扑
  - 构图关系
    - 对比
    - 主从
    - 统一
    - 比例
    - 节奏
    - 韵律
    - 呼应
    - 尺度
  - 结合关系
    - 同构
    - 相近
    - 相似
    - 渗透
    - 包孕
    - 贯穿
    - 化分
    - 化合
    - 借对
    - 正反
    - 并置
    - 重复
    - 连续
  - 力学关系
    - 均衡
    - 对抗
    - 斥引
    - 矢向
- 构成方法
  - 变化法则
    - 方位
    - 大小
    - 数量
    - 阴阳
    - 正反
    - 上下
    - 形态
    - 虚实
    - 质地
  - 秩序法则
    - 对称
    - 反射
    - 点关系
    - 线关系
    - 图关联
    - 向心
    - 离心
    - 散聚
    - 辐辏
    - 辐合
    - 规并
  - 空间限定
    - 视线限定
    - 心理限定
    - 容积限定
    - 速度限定
    - 流量限定

（图片来源：刘永德，1998）

图 2-1　建筑空间组合要素

（图片来源:刘永德,1998）

2.1.1 公共建筑空间要素

主要功能空间单元(功能用房)是指公共建筑内具有特定服务属性的房间或者半封闭空间,如学校的教室、图书收藏室,医院的门诊室、化验室、手术室,办公楼的办公室、会议室,车站的候车厅、调度室、咨询室,酒店的房间、前台等。这些主要功能单元是公共建筑内特定角色和类别的人员主要的活动场所。次要功能空间单元是指公共建筑内具有辅助性功能的封闭、半封闭、不封闭空间,如厕所、贮藏室、临时儿童游玩区等,通过辅助主要功能空间满足人的活动需求。公共建筑内部空间由多个功能单元要素组成。建筑设计单元一般指具有一些相同的建筑功能和结构特征的单元空间,即在建筑设计中可以重复出现的空间组织基础要素。主要功能空间单元与建筑设计单元可以是一一对应、一对多等空间组织关系。公共建筑的定位是为大众提供优质的公共服务,其功能网络系统体现了服务流程的组织和次序,与服务的特定类别和流程有着密切的关系。各功能单元之间存在主次、大小和联系密切程度等方面的关系,既相互独立,又相互联系,构成一个有机的功能网络系统。

交通联系空间元素是指公共建筑空间为人流和物流提供的各种交通联系空间,包括人行通道(如走廊、过道、出入口、过厅、门厅、大堂、大厅、廊道)、人车混行道、无障碍通道(如坡道)、应急通道、楼梯、电梯、自动扶梯等元素,是连接公共建筑空间中各个场所(功能单元)之间的路径,在公共建筑空间中起到骨架性结构作用。其中走道、走廊一般都与其他功能单元有密切的连通关系,须保持良好的照明、采光和通风条件,是重要的人员流动和疏散通道,具有引导人流的作用。交通联系空间有水平交通、垂直交通和枢纽交通等空间形式。

2.1.2　公共建筑疏散要素

公共建筑空间设计必须考虑建筑内的疏散要素，包括疏散走道、安全出口[图 2-2(a)]、疏散楼梯[图 2-2(b)、(c)]、安全疏散门、疏散滑梯[图 2-2(d)]等，还需要考虑建筑之间的连接空间，如道路、广场等。

(a) 安全出口

(b) 室内疏散楼梯

(c) 室外疏散楼梯

(d) 疏散滑梯

图 2-2　公共建筑疏散要素

疏散走道是指疏散人员从房间内到房间门，从房间门至疏散楼梯、安全出口、外部出口等的室内人员撤离走道。在应急疏散的情形下，疏散走道是人员撤离的必由之路，也是疏散的第一直接安全区域。相应地，安全疏散距离，包括房间内最远点到房间门或住宅户门的距离，以及房间门到疏散楼梯间或外部出口的距离，直接影响疏散所需时间和人员安全。疏散走道一般都简明直接，避免弯曲转折和突起突落，不应放置门槛、门垛、管道等突出物。弯曲和往返转折的疏散走道会产生较大的疏散阻力和较强的不安全感。

安全出口指"建筑物内有一条特别出口作为紧急用途(如火警等),用作特别逃生通道,容许民众更快从建筑物疏散,通常位于一个特别的位置(例如在楼梯井,走廊位置或其他相关地方)。紧急出口的防火门大多会设有警报装置,防火门上方也会设置出口指示牌"(引自维基百科)。安全疏散门一般与安全出口对应设置。

疏散楼梯通常与安全出口相连,是建筑物中的主要垂直交通枢纽,是安全疏散的重要通道,可以在正常情形下和紧急情况下疏散人群。疏散楼梯包括开敞楼梯间、封闭楼梯间、防烟楼梯间和室外辅助疏散楼梯等四种形式,其中室外疏散楼梯一般作为辅助疏散楼梯。疏散滑梯是代替疏散楼梯的一种疏散设施,由入口、滑道、中心柱、外围蒙皮等组成,多呈螺旋形。人们从疏散滑梯入口进入后即可滑落至地面。在非常情况下疏散滑梯可用于多层T房的紧急疏散。《建筑设计防火规范(2018年版)》(GB 50016—2014)对此做了详细说明。

2.2 公共建筑空间组合模式

建筑空间组合表现为建筑中单元结构构件与整体的空间结构连接,通常是建筑设计师和研究人员最为关心的部分。但是建筑空间组合模式存在一定的模糊性和尺度性,较难准确分类界定。彭一刚(1998)在《建筑空间组合论》中总结了几种典型的空间组合方式:用一条专供交通联系用的狭长空间——走道来连接各使用空间的空间组合方式,各使用空间围绕着楼梯来布置的空间组合方式,以广厅直接连接各使用空间的空间组合方式,使用空间相互穿套、直接连通的空间组合方式,以大空间为中心、四周围绕小空间的空间组合方式等。刘永德(1998)在《建筑空间的形态·结构·涵义·组合》中把建筑空间的组合方式归结为单元组合法组合、几何母题法组合、脊椎带式组合、旋转基线网法组合、辐射式组合、网格法组合、轴线对位法组合、组团式组合、廊院组合、街庭空间组合、穿越式空间组合等。李志民等(2009)从环境行为学角度,对建筑空间类型进行空间行为层次划分、边界形态行为划分、使用行为划分、空间行为态势划分、构成行为方式划分、分割手段行为划分、空间结构行为特征划分、空间行为确定性划分等,并把建筑空间形态分为加法空间和减法空间(此分类在 Clark 和 Pause 1997 年所著《世界建筑大师名作图析》一书中也有所体现),其中加法空间包括集中式空间、线式空间、辐射型空间、组团式空间、网格式空间等。这些分类对建筑空间组合模式做了很好的归纳。下面针对一些典型的公共建筑空间组合模式进行提炼分析,为疏散能力评估和影响分析提供空间模式分类依据。

2.2.1 并列式空间组合模式

并列式空间组合模式是指把具有相同或相似的使用功能与结构特征的功能空间要素或单元并列在一起,各要素的空间形态基本相似,没有明显的主次区分,共同构成并列式的空间组合效果。该类空间组合模式中,功能空间要素间可以相互连通或不连通,连通的功能空间要素对疏散相对有利,不连通的功能空间要素需要较强的疏散能力。

该类组合模式是教学楼、会议中心、宿舍、医院与旅馆等建筑常用模式,如图 2-3(a)所示是某大学的室外并列式空间组合模式(教学楼),如图 2-3(b)所示是某博览中心的室内并列式空间组合模式(走廊)。

2.2.2 集中式空间组合模式

集中式空间组合模式是指以明确的主体空间为中心,把其他具有相同或相似的使用功能与结构特征的功能空间要素作为次要空间,围绕该中心进行布局,体现出一定的"向心性"(李志民等,2009)。作为中心的主体空间一般具有足够大的空间尺度,能够凸现其对次要空间的控制作用。如图 2-4

(a) 某大学教学楼

(b) 某博览中心走廊

图 2-3　并列式空间组合模式

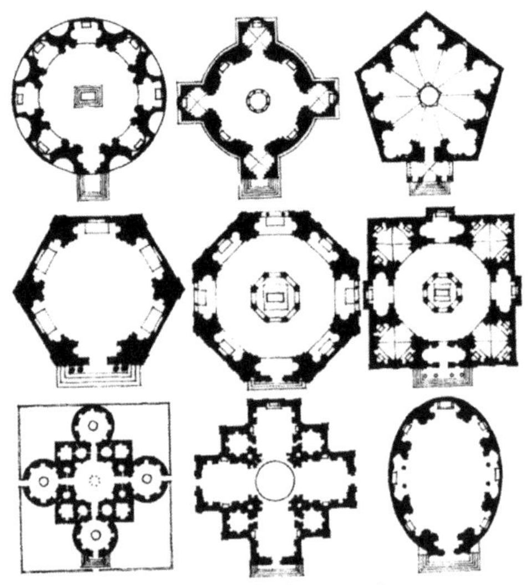

(a) 室内集中式空间组合

(b) 集中式空间的室外设计效果

图 2-4　集中式空间组合模式

(a)所示为室内集中式空间组合模式，如图 2-4(b)所示为集中式空间的室外设计效果。该组合模式是一种非常稳定的空间结构组合模式。该类空间组合模式中，主体空间承担绝大多数的疏散人员功能，次要空间的人员一般都疏散至主体空间，因此这样的主体空间一般都具备多个疏散通道和出口，次要空间的疏散通道和出口则相对比较单一。

2.2.3 线性空间组合模式

线性空间组合模式是指将各空间体量或功能性质相同或相近的功能空间要素按照先后次序相互连接，组成一条或几条联系纽带将各分支空间连接起来，这些功能空间可以相互沟通和支撑，呈现为可直可曲的“脊椎式”线性空间分布，具有明显的长方向性以及延伸、运动和增长的特性。一些展览馆、纪念馆、陈列馆、综合医院、大型火车站、航空站等就采取了这种空间组合模式，比如图 2-5(a)所示的谢菲尔德大学的线性主楼，图 2-5(b)所示的卡斯特罗普-劳克塞尔市镇中心的双中心变形线性空间，图 2-5(c)所示的线性空间组合的教堂。该类空间组合模式中，线性的主空间在疏散中是最主要的空间，大都供被疏散人员撤离时使用，而其他次要空间则多为功能空间，撤离时基本都是被疏散人员所在的原始位置。此类空间组合模式需要进行较好的主门厅设计，防止主门厅因设计不合理成为疏散的不利因素，从而形成“欲速则不达”的疏散效益。

2.2.4 辐射式空间组合模式

辐射式空间组合模式兼顾集中式空间组织模式和线性空间组合模式，由一个主导型的空间和若干向外辐射的线性空间组合而成。其明显的特点是空间体量或功能性质相同或相近的功能空间沿辐射线向外发散，具有向外扩展性，其线性辐射状分支空间的功能、形态、结构可以相同，也可以不同，长度也可长可短，不尽相同。如图 2-6(a)所示为辐射式空间组合模式的

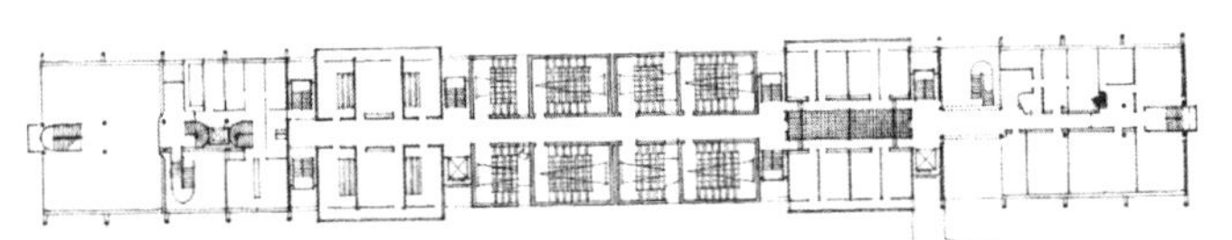

Second FloorPlan，Main Building，Sheffield University，England，1953，James Stirling
二层平面，主楼，谢菲尔德大学，英格兰，1953年，J.斯特林

(a) 线性空间组合（陈大锦，2005）

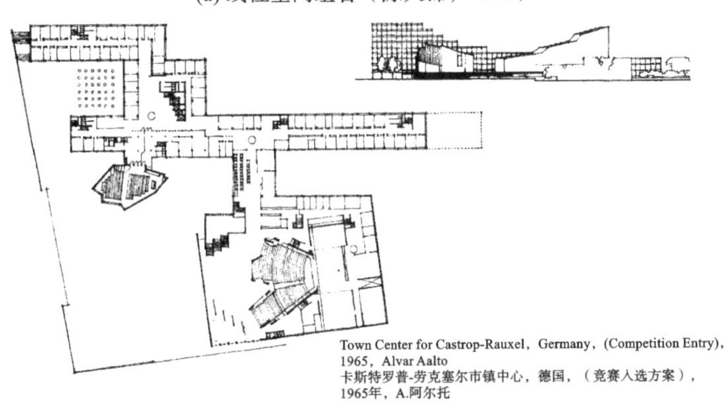

(b) 延伸的线性空间组合（陈大锦，2005）

(c) 线性空间组合的教堂

（图片来源：http://60designwebpick.com)

图 2-5　线性空间组合模式

莫阿比特监狱，如图 2-6(b)所示为辐射式空间组合模式的约翰逊住宅，如图 2-6(c)所示为辐射式空间组合模式建筑效果。该空间组合模式中，中心为疏散的集散地，四周为被疏散人员的发散地，线性空间为疏导人员的主要场所，因此线性空间必须保持良好的疏散能力，才能保障辐射式空间组合模式的疏散性能。

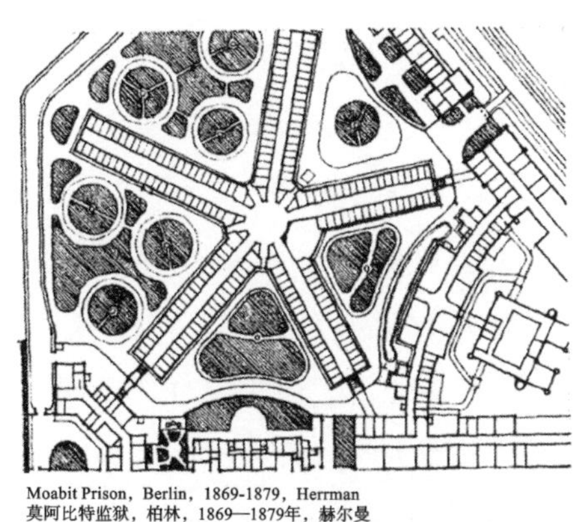

Moabit Prison, Berlin, 1869-1879, Herrman
莫阿比特监狱，柏林，1869—1879年，赫尔曼

(a) 莫阿比特监狱（陈大锦，2005）

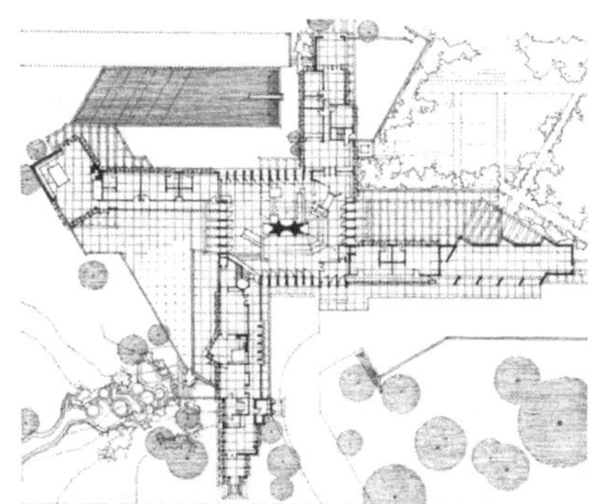

Herbert F.Johnson House(Wingspread), Wind Point, Wisconsin, 1937, Frank Lloyd Wright
H.F.约翰逊住宅（展翼住宅），温波恩特，威斯康星州，1937年，F.L.莱特

(b) 约翰逊住宅（陈大锦，2005）

(c) 辐射式空间组合模式建筑效果

图 2-6　辐射式空间组合模式

2.2.5 组团式空间组合模式

组团式空间组合模式通过紧密连接来使各个空间之间互相联系，通常包括重复的、细胞状的空间，这些空间具有类似的功能并在形状和朝向方面具有共同的视觉特征。组团式空间组合也可以在它的构图中包容尺寸、形式和功能不同的空间，但这些空间要通过紧密连接，或者诸如对称、轴线等视觉秩序化手段来建立联系(陈大锦，2005)。组团式空间组合模式的特征是组团内部功能相近或联系紧密，组团与组团间关系松散，没有明显主从关系，各空间按照自己的需求自由生长，具有较大的自由度。医院、文化馆、图书馆等通常采用这种空间组合模式。如图 2-7(a)所示为美国加州某小学，如图 2-7(b)所示为斯克里设计的印度莫卧儿大帝阿克巴的宫殿综合体，如图 2-7(c)所示为组团式的慕尼黑 BMW 公司办公楼。该类空间组合模式的空间在疏散的时候要求组团内部有较好的疏散性能，而且组团间应该具备非常好的相互疏散能力，组团内部空间与组团之间的空间应该相辅相成，才能保证组团式空间组合模式具备良好的疏散性能。

2.2.6 网格式空间组合模式

网格式空间组合模式通过方形、三角形或者六边形网格等确定相互位置关系，具有极强的规则性和连续性，建筑空间的轮廓规整而富于变化，适应性强。网格线之间的图形建立稳定的位置关系和稳定的区域，可以在尺寸和功能上有所不同以构成平面图形的突变型，有很好的视觉冲击力。如图 2-8(a)为柯布西耶设计的医院方案，如图 2-8(b)和(c)分别为华盛顿国家美术馆东馆平面图和鸟瞰图。网格式空间组合模式对疏散较为有利，其网格线构成一个纵横交错的疏散路径网络，可以为网格单元提供良好的疏散通道，不过疏散流需要进行合理的规划和利用，否则容易形成疏散流的堵塞，影响疏散效率。

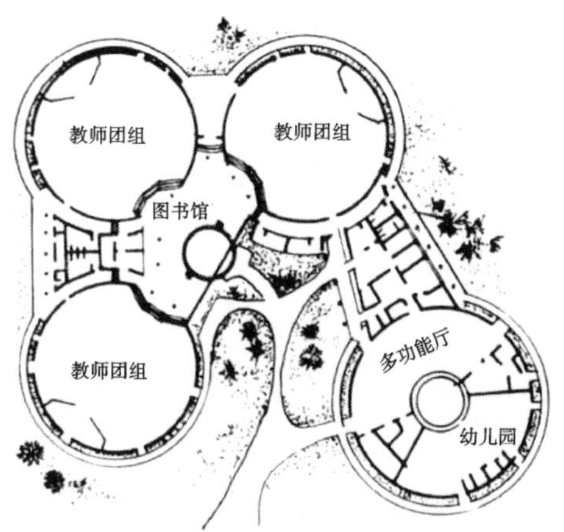

(a) 美国加州某小学（刘永德，1998）

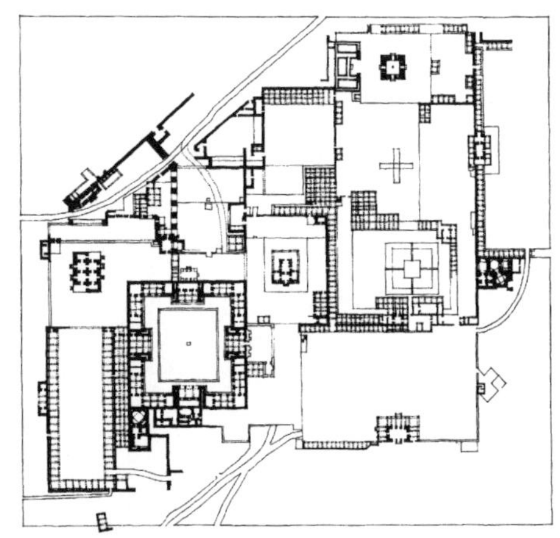

(b) 印度莫卧儿大帝阿克巴的宫殿综合体

(c) 慕尼黑 BMW 公司办公楼

图 2-7　组团式空间组合模式

2.2.7　轴线对位式空间组合模式

轴线对位式空间组合模式通过轴线关系将各个空间有效地组织起来。轴线对位式空间组合形式不一定有明确的几何形式，一切空间关系层次分明，由轴线控制。轴线可以起到引导的作用，使空间序列有明确的秩序，在

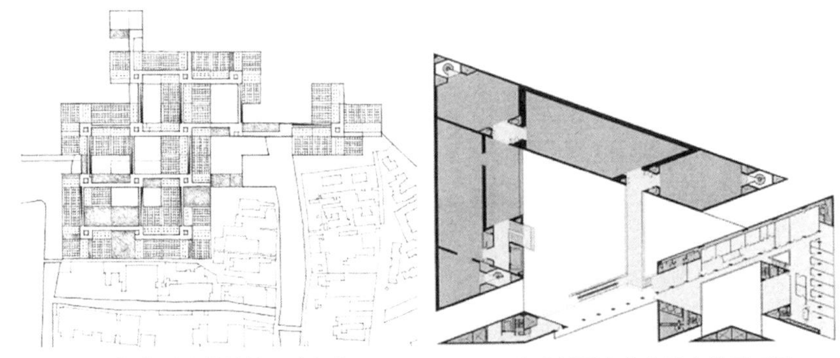

(a) 柯布西耶设计的医院方案　　(b) 华盛顿国家美术馆东馆平面图

(c) 华盛顿国家美术馆东馆鸟瞰图

图 2-8　网格式空间组合模式

视觉上也可以呈现连续的景观。一个建筑中的轴线可以有一条或多条，多条轴线之间可以有主次之分。如图 2-9(a)所示为采用轴线对位式空间组合模式的武昌火车站，如图 2-9(b)所示为采用这一空间组合模式的故宫的鸟瞰图。

轴线对位式空间组合模式的空间在疏散的时候，轴线上的空间需要承担主要的疏散任务，其他空间承担次要的疏散任务，因此轴线上的空间大都比较宽敞，具有良好的通透性。

(a) 武昌火车站

(b) 故宫鸟瞰图

图 2-9　轴线对位式空间组合模式

2.2.8　庭院式空间组合模式

庭院式空间组合模式通常以庭院为中心，其他使用空间沿庭院的周围布置，庭院为连接这些使用空间的主体，各庭院自成体系，有分有合，如图 2-10 所示。该组合模式中，庭院可以分为内庭和外庭两种：内庭可提供室内活动区间和部分室外区间的功能；外庭则偏重提供室外活动场所，可兼作绿化场地。内庭与外庭的结合可以使建筑室内外空间相互配合与协调，彼此衬托，层次丰富。在同一幢建筑里可以设计多个或多层庭院，营造优雅宁静的学习工作环境和热闹活泼的商业环境。该空间组合模式在我国传统民用

(a) 拙政园模型

(b) 苏州博物馆效果

图 2-10　庭院式空间组合模式

建筑中常被采用。

庭院式空间组合模式为疏散提供了丰富的疏导空间和连接体系。这种纵横交织的空间模式会使疏散流扩散较快,但是疏散距离会有所增加。因此,需要有较好的疏散组织措施。

此外,建筑空间的组合还可结合空间性质、功能要求、体量、交通路线等因素,通过分隔与划分、衔接与过渡、对比与变化、重复与再现、引导与暗示、渗透与流通、秩序与序列等手法营造复合建筑空间,创造更加复杂的建筑。但是,这些复杂的空间组合模式对疏散能力的制约规律,还缺乏有效的定量化评估与分析手段。

2.3 公共建筑空间的疏散效率评价指标

疏散效率评价(measures of effectiveness,MOEs)(Han 等,2007;Yuan 和 Han,2009;Kobes 等,2010;Lämmel 等,2010;Fang 等,2011,2013)一直是疏散研究和建筑设计中的一个重要内容。目前对建筑物的疏散效率评价主要有以下几种指标。

2.3.1 疏散时间

疏散时间是一种常用的应急评价指标(Han 等,2007),其中包括疏散清空时间、95%人员疏散时间、平均疏散时间、累计疏散时间等。

疏散清空时间是指所有的被疏散人员完全撤离指定区域、疏散网络上从加载人员到完全为空时所花费的时间。假设有 n 人需要被疏散,t_1^{b} 是第 1 个人疏散起始时间,t_1^{e} 是第 1 个人疏散终止时间,那么疏散清空时间可按式(2.1)表达:

$$T = \max(t_1^{\mathrm{e}}, t_2^{\mathrm{e}}, \cdots, t_n^{\mathrm{e}}) - \min(t_1^{\mathrm{b}}, t_2^{\mathrm{b}}, \cdots, t_n^{\mathrm{b}}) \tag{2.1}$$

95%人员疏散时间通常用来反映整个疏散过程中前 95%人员被疏散出去所花时间,被认为是实用的评价指标。95%人员疏散时间可按式(2.2)表达:

$$T_{95\%} = \max(t_1^{\mathrm{e}}, t_2^{\mathrm{e}}, \cdots, t_{[n\times 0.95]}^{\mathrm{e}}) - \min(t_1^{\mathrm{b}}, t_2^{\mathrm{b}}, \cdots, t_{[n\times 0.95]}^{\mathrm{b}}) \tag{2.2}$$

平均疏散时间是指所有被疏散人员的疏散时间的平均值,可按式(2.3)表达:

$$T_{\mathrm{ave}} = \frac{1}{n}\sum_{i\in \mathbf{N}} (t_i^{\mathrm{e}} - t_i^{\mathrm{b}}) \tag{2.3}$$

累计疏散时间是指所有被疏散人员的疏散时间,通常用来评价整体方案的有效性,可按式(2.4)表达:

$$T_{\text{all}} = \sum_{i \in \mathbf{N}} (t_i^{\text{e}} - t_i^{\text{b}}) \tag{2.4}$$

以上四种疏散时间分别表示疏散方案中的某种时间方面的关注指标值，综合起来反映疏散效率。

2.3.2 疏散距离

疏散距离也是疏散效率评价的一个重要指标(Yuan 和 Han，2009；Kobes 等，2010)，其中包括疏散清空总距离、95%人员总疏散距离、平均疏散距离等。

疏散清空总距离是指所有的被疏散人员完全撤离指定区域、疏散网络上从加载人员到完全为空时所经过的距离的总和。假设有 n 人需要被疏散，d_i 是第 i 个人的疏散距离，疏散清空总距离可按式(2.5)表达：

$$D_{\text{all}} = \sum_{i \in \mathbf{N}} d_i \tag{2.5}$$

95%人员总疏散距离通常用来反映整个流程中前 95%人员被疏散出去所经过的疏散距离，可按式(2.6)表达：

$$D_{95\%} = \sum_{i \in \mathbf{N}[n \times 0.95]} d_i \tag{2.6}$$

平均疏散距离是指所有被疏散人员的疏散距离的平均值，可按式(2.7)表达：

$$D_{\text{ave}} = \frac{1}{n} \sum_{i \in \mathbf{N}} d_i \tag{2.7}$$

以上三种疏散距离分别表示疏散方案中的距离方面的关注指标值。

2.3.3 疏散时空拥挤度

针对疏散时空效率评价的缺陷，Fang 等(2011，2013)提出了疏散时空拥挤度的概念。假如：V_i 是通道 i 的流动速度，C_i 是通道 i 的流动通行能力，V_i/C_i 表示通道 i 在 Δt 内的饱和度，那么疏散通道 i 在 Δt 内的疏散时空

拥挤度 f_i 可按式(2.8)表达：

$$f_i = \begin{cases} 0 & \text{if}(V_i/C_i < 0.5) \\ e^{0.5\times(V_i/C_i-0.5)} - 1 & \text{else} \end{cases} \tag{2.8}$$

时空拥挤度越大表明疏散通道中的拥堵越严重。

2.3.4 疏散时空利用率

针对道路和路口组成疏散网络的疏散效率评价，Fang 等(2011，2013)和李秋萍(2013)进一步从微观角度提出了疏散时空利用率概念指标。该指标的核心思想是把人和车做都作为一定空间容量的对象，二者具有不同的运行速度和自由度；把时间和空间组成的三维时空体看作时空资源，人和车所占用的时空资源比例作为衡量疏散时空利用率的指标。

针对交叉口 m_i 的情况，把三维时空资源划分为 n_x，n_y，n_t 三个维度上相应数目的时空单元体，假如 STCube(n_i，n_j，n_t)代表一个时空单元体，在 Δt 时间内交叉口的时空利用率(Fang 等，2013)可按式(2.9)、式(2.10)表达：

$$I_{\text{UE}}(m_i, t_{[t,t+\Delta t]}) = \frac{\displaystyle\sum_{i=0}^{n_x-1}\sum_{j=0}^{n_y-1}\sum_{k=0}^{n_t-1} \left\{ f[\text{STCube}(n_i, n_j, n_{t_{[k\times\Delta_t^0,(k+1)\times\Delta_t^0]}})] - f_{\text{wait}}[\text{STCube}(n_i, n_j, n_{t_{[k\times\Delta_t^0,(k+1)\times\Delta_t^0]}})] \right\}}{\displaystyle\sum_{i=0}^{n_x-1}\sum_{j=0}^{n_y-1}\sum_{k=0}^{n_t-1} f[\text{STCube}(n_i, n_j, n_{t_{[k\times\Delta_t^0,(k+1)\times\Delta_t^0]}})]} \tag{2.9}$$

$$f[\text{STCube}(n_i, n_j, n_{t_{[k\times\Delta_t^0,(k+1)\times\Delta_t^0]}})] = \begin{cases} 1 & \text{被占用} \\ 0 & \text{未被占用} \end{cases} \tag{2.10}$$

式中：f_{wait} 为等待期间的时空立方体。针对道路上的情形，假设行人和车辆都遵循队列模型，在时间段$[t, t+\Delta t]$内道路 $Rd(r)$ 的时空利用率为 $I_{\text{UE}}[Rd(r), t_{[t,t+\Delta t]}]$(Fang 等，2013)，可按式(2.11)表达：

$$I_{\text{UE}}[Rd(r), t_{[t,t+\Delta t]}] = \frac{\displaystyle\sum_{P_n \in \overline{P}_r} l_{p_n}^t}{\displaystyle\sum_{i \in P_r} l_{p_n}^0} \tag{2.11}$$

式中：P_{ri} 是道路 r 上的时空路径；$\overline{P}_r$ 是这段时间内的时空路径集合；$l_{p_n}^0$ 是自由流情形下这段时间内的移动距离；$l_{p_n}^t$ 是根据 t 时刻移动速度在这段时间内的移动距离。

然后，结合道路和路口的情况，整个疏散网络的疏散时空利用率（Fang 等，2013）可按式（2.12）～式（2.14）表达：

$$I_{\mathrm{UE}}(\mathrm{Net}, t_{[s,e]}) = \frac{\sum_{r \in \mathrm{Net}} \sum_{t=t_s}^{t_e} \alpha_r \times I_{\mathrm{UE}}[Rd(r), t_{[t,t+\Delta t]}] + \sum_{m_i \in \mathrm{Net}} \sum_{t=t_s}^{t_e} \beta_{m_i} \times I_{\mathrm{UE}}(m_i, t_{[t,t+\Delta t]})}{\sum_{r \in \mathrm{Net}} \sum_{t=t_s}^{t_e} \alpha_r + \sum_{r \in \mathrm{Net}} \sum_{t=t_s}^{t_e} \beta_{m_i}} \tag{2.12}$$

$$\alpha_r = \begin{cases} 0 & \text{没有对象通过道路 } r \\ 1 & \text{有对象通过道路 } r \end{cases} \tag{2.13}$$

$$\beta_{m_i} = \begin{cases} 0 & \text{没有对象通过交叉路口 } m_i \\ 1 & \text{有对象通过交叉路口 } m_i \end{cases} \tag{2.14}$$

式中：$t_{[se]}$ 是要评价的某个疏散起止时间段；Net 是疏散网络。

除了以上四种指标，还有些研究把危险品在有毒环境中累积暴露时间（Han 等，2007）、危险程度（Han 等，2007；Yuan 和 Han，2009）等也作为疏散的考虑指标，这些指标在实际应用中也不容忽视。

2.4 支持人员自由超越的疏散时空利用率评价指标

Fang 等（2011，2013）提出的时空利用率评价指标，虽然能够把人和车都作为一定空间容量的对象来看待，但由于遵循道路上的队列模型，不能描述道路上的自由超越疏散行为，需要针对该指标进行拓展，表达真实疏散状态。这里采用统一的基于连续轨迹的疏散效率评价指标——疏散时空利用率评价指标，该指标可以集成不同类型（如车和人）的轨迹（图 2-11），具有良好的适应性能。

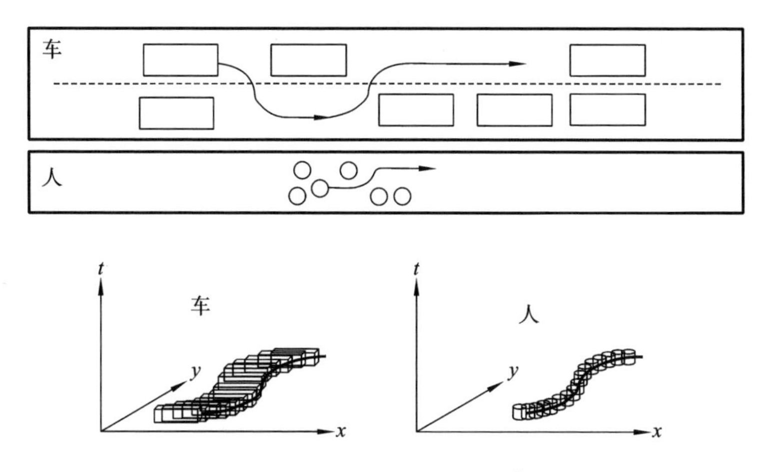

图 2-11 基于连续轨迹的疏散时空利用率

疏散时空利用率评价指标可按式(2.15)、式(2.16)表达：

$$I_{\mathrm{UE}}(m_i, t_{[t,t+\Delta t]}) = \frac{\int\limits_{\mathrm{traj}(j)\in m_i}\int\limits_{x\in \mathrm{traj}x}\int\limits_{y\in \mathrm{traj}y}\int\limits_{t\in \mathrm{traj}t} \mathrm{traj}(j,x)\mathrm{traj}(j,y)\mathrm{traj}(j,t)\,\mathrm{MType}(j)\mathrm{d}x\mathrm{d}y\mathrm{d}t}{\int\limits_{x\in x}\int\limits_{y\in y}\int\limits_{t\in t} xyt\,\mathrm{d}x\mathrm{d}y\mathrm{d}t} \tag{2.15}$$

$$\mathrm{MType}(j) = \begin{cases} 1 & \text{如果 } j \text{ 是车} \\ \pi \times 1^2/(2\times 2) & \text{如果 } j \text{ 是人} \end{cases} \tag{2.16}$$

式中：$\mathrm{traj}(j)$是移动对象 j；$\mathrm{traj}(j,x)$是移动对象在 x 方向的长度；$\mathrm{traj}(j,y)$是移动对象在 y 方向的长度；$\mathrm{traj}(j,t)$是移动对象在 t 方向的增量；$\mathrm{MType}(j)$是移动对象 j 类型下的所占的面积比例。这里的时空利用率指标完全依赖于疏散个体的时空轨迹，因此完全可以包容疏散过程中的人员自由超越。

为了简化计算，该时空利用率被离散化为式(2.17)～式(2.20)：

$$I'_{\mathrm{UE}}(\mathrm{NetEle},t_{[t,t+\Delta t]})$$
$$=\frac{\sum\limits_{j\in \mathrm{MOB}}\sum\limits_{p=0}^{p=\mathrm{Length}(\mathrm{traj}(j))/\Delta L}[\Delta \mathrm{traj}_p(j,x)\times \Delta \mathrm{traj}_p(j,y)\times \Delta \mathrm{traj}_p(j,t)\times \mathrm{MType}(j)]}{\mathrm{SpaceArea}xy(\mathrm{MOB})\times \max\{\mathrm{Span}t(j)\mid j\in \mathrm{MOB}\}} \tag{2.17}$$
$$\mathrm{SpaceArea}xy(\mathrm{MOB})$$
$$=\max\{\mathrm{Span}x(j)\mid j\in \mathrm{MOB}\}\times \max\{\mathrm{Span}y(j)\mid j\in \mathrm{MOB}\}$$
$$\mathrm{Span}x(j)=\max[\mathrm{traj}(j,x)]-\min[\mathrm{traj}(j,x)] \tag{2.18}$$
$$\mathrm{Span}y(j)=\max[\mathrm{traj}(j,y)]-\min[\mathrm{traj}(j,y)] \tag{2.19}$$
$$\mathrm{Span}t(j)=\max[\mathrm{traj}(j,t)]-\min[\mathrm{traj}(j,t)] \tag{2.20}$$

式中:MOB是当前要评估环境NetEle中移动对象的集合;ΔL是用于计算时空利用率的轨迹单元长度参数;$\Delta \mathrm{traj}_p(j,x)$是移动对象$j$轨迹当前$\Delta L$内的$x$方向长度;$\Delta \mathrm{traj}_p(j,y)$是移动对象$j$轨迹当前$\Delta L$内的$y$方向长度;$\Delta \mathrm{traj}_p(j,t)$是移动对象$j$轨迹当前$\Delta L$内的$t$方向长度;SpaceArea$xy$是三维轨迹的空间平面区域;Span$x(j)$、Span$y(j)$和Span$t(j)$分别是移动对象轨迹$j$的最大间距。一般来说,这里的$I_{\mathrm{UE}}(m_i,t_{[t,t+\Delta t]})$用于评估单独NetEle(路段或者交叉口)。该指标能够充分考虑移动对象对时空资源的实际利用,能够兼容移动对象多类型疏散行为(包括排队、超越等)的轨迹集合。

这样,整个疏散网络的疏散时空效率就可以按式(2.21)表达:

$$I_{\mathrm{UE}}(\mathrm{Net},t_{[s,e]})=\sum_{r\in \mathrm{Net}}\sum_{t=t_s}^{t_e}I'_{\mathrm{UE}}[Rd(r),t_{[t,t+\Delta t]}]+\sum_{m_i\in \mathrm{Net}}\sum_{t=t_s}^{t_e}I'_{\mathrm{UE}}(m_i,t_{[t,t+\Delta t]}) \tag{2.21}$$

式(2.21)就形成了疏散时空利用率统一的计算模式,替代了Fang(2011,2013)计算方法中对道路与交叉口的不同计算方式。

2.5 本章小结

本章对公共建筑空间要素和疏散要素进行了总结,提炼了一些常用的公共建筑空间组合模式，包括并列式空间组合模式、集中式空间组合模式、线性空间组合模式、辐射式空间组合模式、组团式空间组合模式、网格式空间组合模式、轴线对位式空间组合模式、庭院式空间组合模式等，分析了这些组合模式的空间在疏散时的特点。然后，本章系统分析了公共建筑空间的一些疏散效率评价指标，包括疏散时间、疏散距离、疏散时空拥挤度、疏散时空利用率等。疏散时空利用率评价指标是疏散时间和疏散距离综合起来的一个分析指标，本书针对目前该指标的理论描述无法支撑疏散情形下的人员自由超越行为的缺点，提出了一个能够支持人员自由超越的疏散时空利用率评价指标，为分析公共建筑空间疏散效率提出了一个相对通用的疏散评价指标及其计算方法，为公共建筑空间组合模式的疏散效率的精细化空间对比分析奠定了理论基础。

3 公共建筑空间疏散效率的三维元胞自动机评估方法

当技术实现了它的真正使命，它就升华为艺术。——密斯·凡德罗

3.1 基于时空可达势能的三维元胞自动机疏散模拟模型

3.1.1 基本思路

疏散过程中被疏散个体之间的状态相互影响，与被疏散个体的路径选择和移动决策有直接关联关系。然而，疏散过程是一个时空过程，被疏散个体的路径选择和移动决策具有一定的时空行为特征，如带有一定时空预见性的路径选择机制、自然的队列跟驰和非队列的超越行为等。传统的元胞自动机模型偏重于元胞单元之间的移动规则，对这些行为的宏观描述还不够深入，尤其对这些行为的时空特征的模拟有所欠缺。

本书针对疏散时空过程中被疏散个体的行为特征，基于时空可达性和势能模型提出时空可达势能的概念及其模型，在一定程度上可以用于表达被疏散个体对疏散环境的预见性倾向特征。时空可达性（方志祥等，2010）是基于时间地理理论框架（图 3-1）的一个重要应用，可描述移动对象在一定时间和空间约束下的可达时空范围,这些可达时空范围明确了移动对象的潜在活动空间及其对应的时间段(图 3-2)。时空可达性用于疏散中可以清楚地描述出备选疏散路径集合,以及在这些备选疏散路径上可能的花费时间,结合多个被疏散个体间的拥挤状态,还可以进一步反映被疏散个体可能的拥挤程度。疏散中的势能模型的基本思想是人员在疏散时受到一种虚拟的势场力,出口对人员产生引力,人与人之间存在排斥力,障碍物和墙壁对人产生排斥力,危险点对人产生排斥力,排斥力和引力的合力控制人员的运动(段鹏飞,2013)。本书基于时空可达势能,以被疏散个体时空轨迹的排斥时空范围为准则,建立被疏散个体的时空超越曲线和时空跟驰折线,构建一个能够同时支撑跟驰和超越行为的三维元胞自动机疏散模拟模型,力求能够反映被疏散个体的一些时空行为特征,为分析公共建筑空间疏散效率的群体效果奠定模拟理论描述基础。图 3-3 给出了基于时空可达势能的三维元胞自动机疏散模拟模型的基本构建思路。

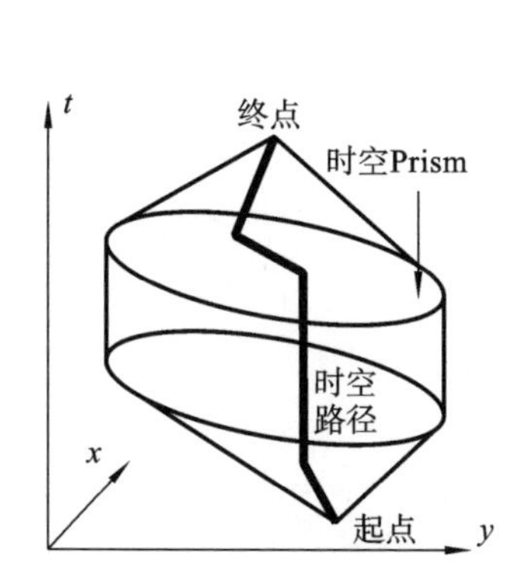

图 3-1 时间地理理论框架的可达性概念图(方志祥等,2010)

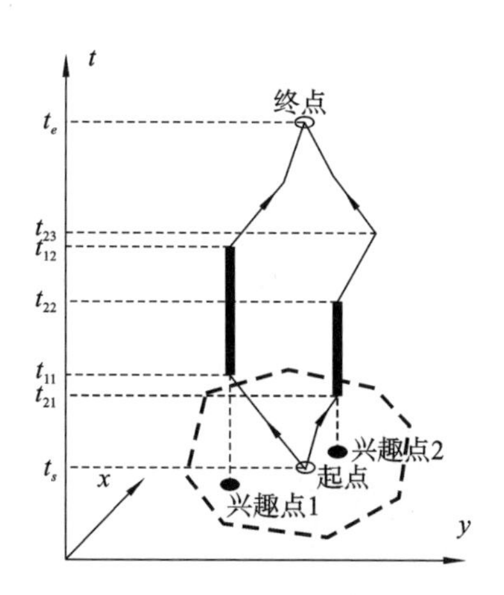

图 3-2 移动对象的潜在活动空间及对应时间段(方志祥等,2010)

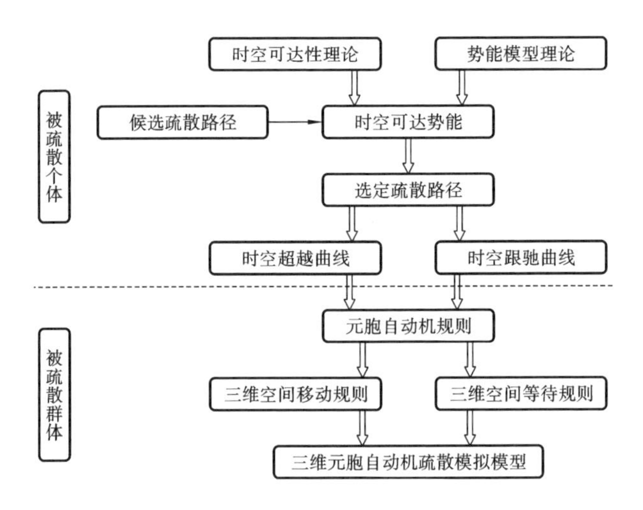

图 3-3　三维元胞自动机疏散模拟模型的基本构建思路

3.1.2　三维元胞自动机疏散模拟模型规则

三维元胞自动机疏散模拟模型中包含一些重要的规则，包括时空可达势能、路径选择模型、时空超越曲线、时空跟驰曲线、三维空间移动规则、三维空间等待规则等，下面分别进行论述。

1. 时空可达势能

势能模型决定了疏散过程中被疏散个体会沿着最短路径（从势能高的地方到势能低的地方）尽快到达出口，以距离方式考虑了出口对被疏散个体的吸引作用。而时空可达势能则综合考虑被疏散个体相对于各出口位置的可达性及各位置相对于各出口位置的势能，采用可用、可达、有效的方式来确定各位置的时空可达势能，从而指导被疏散个体的疏散撤离。

假设某个位置的时空可达性可按式(3.1)表达：

$$\mathrm{STA}(x,y,\Delta t)=\sum_{i\in\overline{E}x}s(i)d_i(\Delta t)/\left[1+\sum_{i\in\overline{E}x}s(i)\right]\tag{3.1}$$

式中：$\overline{E}x$ 是出口集合；$s(i)$是 Δt 时间内可到达出口 i 的状态（0 表示不能到达，1 表示可以到达）；$d_i(\Delta t)$是指在 Δt 时间内当前位置到达出口 i 的最短距离。

本书将传统势能模型拓展时空可达势能，可按式(3.2)表达：

$$U_s^i = \int_0^{D_s^i} \left[\frac{k_1 \times d_i(\Delta t)}{\mathrm{STA}(x,y,\Delta t)} \right] x \mathrm{d}x \tag{3.2}$$

式中：U_s^i 为出口 i 对处于(x,y)位置的被疏散个体所产生的势能；$k_1 \times d_i(\Delta t)$为出口对疏散个体的引力；D_s^i 为当前位置到达出口 i 的最短距离。

那么，处于(x,y)位置的被疏散个体相当于所有出口位置的可达势能可按式(3.3)表达：

$$U_{\overline{\mathrm{E}}x}(x,y) = \sum_{i \in \overline{\mathrm{E}}x} U_s^i / \mid \overline{E}x \mid \tag{3.3}$$

当然，被疏散个体之间、被疏散个体与墙体之间也存在一定程度的排斥力势能，结合社会力模型(Balasubramanian，2010)，排斥力势能可分别按式(3.4)、式(3.5)表达：

$$U(e_i,e_j) = \int_0^{R(e_i)-d(e_i,e_j)} s(e_i,e_j) \times A_i \exp\{[R(e_i) - d(e_i,e_j)]/B(e_i)\} x \mathrm{d}x \tag{3.4}$$

$$U(e_i,w) = \int_0^{R(e_i)-d(e_i,w)} A_i \exp\{[R(e_i) - w]/B(e_i)\} x \mathrm{d}x \tag{3.5}$$

式中：$U(e_i,e_j)$是被疏散个体 e_i 和 e_j 之间的排斥力势能；$U(e_i,w)$是被疏散个体 e_i 和墙体 w 之间的排斥力势能；$s(e_i,e_j)$是被疏散个体 e_i 和 e_j 是否处于 Moore 相邻的状态(相邻的状态为1，否则为0)；$R(e_i)$是个体 e_i 的身体宽度；$d(e_i,e_j)$是被疏散个体 e_i 和 e_j 之间的距离；$B(e_i)$是个体 e_i的身体厚度。

这样，处于(x,y)位置的被疏散个体 e_i 的总体势能可按式(3.6)表达：

$$U(e_i) = k_1 \times U_{\overline{\mathrm{E}}x}(x,y) + k_2 \times \sum_{j \in \overline{\mathrm{E}}, j \neq i} U(e_i,e_j) + k_3 \times \sum_{w \in \overline{W}} U(e_i,w) \tag{3.6}$$

式中：$U(e_i)$是处于(x,y)位置的被疏散个体 e_i 的总体势能；$\overline{E}$ 是所有被疏散个体的集合；$\overline{W}$ 是被疏散个体周围的墙体集合；$U_{\overline{\mathrm{E}}x}(x,y)$为自驱动力；$\sum_{j \in \overline{\mathrm{E}}, j \neq i} U(e_i,e_j)$ 为人与人之间的作用力；$\sum_{w \in \overline{W}} U(e_i,w)$ 为人与障碍物之间的作用力；k_1、k_2、k_3分别为三种作用力之间的权重参数。

2. 路径选择模型

疏散路径选择是被疏散个体行为决策中一个非常重要的方面，也是模拟过程中在宏观方面控制疏散过程的重要一环。假设处于(x,y)位置的被疏散个体e_i的候选路径集合$\overline{P}=\{p_1,p_2,\cdots,p_i,\cdots,p_n \mid p_i \in \text{Net}\}$，$n$为路径集的条数，Net为疏散网络，$p_i=\{r_1,r_2,\cdots,r_j,\cdots,r_m\}$，$r_j$是Net中的路段$j$。

疏散路径p_i的平均势能可按式(3.7)表达：

$$\overline{U}(p_i) = \sum_{j=1}^{m-1} U_{\overline{E}x}[\text{CommPt}(r_j,r_{j+1})]/(m-1) \tag{3.7}$$

式中：$\text{CommPt}(r_j,r_{j+1})$是路段$r_j$和$r_{j+1}$的公共节点。

依据候选路径的平均势能，路径选择模型可按式(3.8)、式(3.9)表达：

$$P(p_i) = \frac{\text{Normal}[\text{Length}(p_i)]/\overline{U}(p_i)}{\sum_{pi \in \overline{P}} \{\text{Normal}[\text{Length}(p_i)]/\overline{U}(p_i)\}} \tag{3.8}$$

$$\text{Normal}[\text{Length}(p_i)] \in [0,1] \tag{3.9}$$

式中：$\text{Normal}[\text{Length}(p_i)]$是在路径集合$\overline{P}$中根据长度归一化的结果值。在路径选择中，时空可达势能越低、路径选择概率越大的路径，越容易得到被疏散个体选择。

3. 时空超越曲线

时空超越曲线主要用于微观层面上定义被疏散个体之间的超越行为，可依据周边被疏散个体位置进行轨迹曲线参数调整，从而适应自然的超越行为特征。图3-4(a)是超越行为的二维曲线示意图，图3-4(b)是超越行为的三维曲线示意图。

这里的二维超越曲线可按式(3.10)、式(3.11)、式(3.12)表达：

$$a = \text{MinDist} \quad b = v(e_j) \times \Delta t \quad c = R(e_i) \tag{3.10}$$

$$\alpha = \arctan\{[y(e_j) - y(e_i)]/[x(e_j) - x(e_i)]\} \tag{3.11}$$

$$\frac{a(a+b)\left[x - x(e_i) - \left(a+\frac{b}{2}\right)\sin\alpha\right]^2}{c^2} + \left[y - y(e_i) - \left(a+\frac{b}{2}\right)(1+\cos\alpha)\right]^2 = \left(a+\frac{b}{2}\right)^2 \tag{3.12}$$

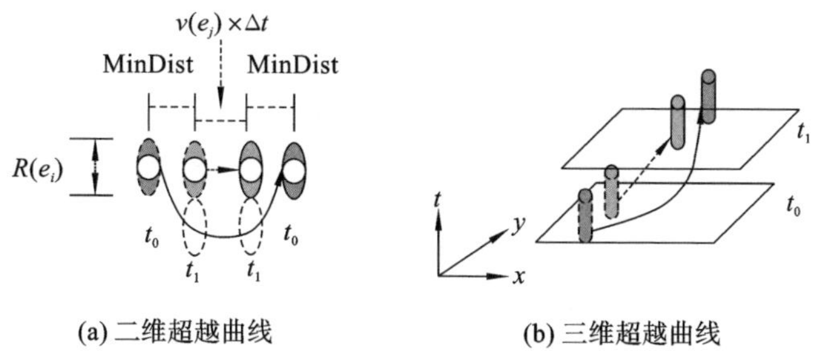

(a) 二维超越曲线　　(b) 三维超越曲线

图 3-4　时空超越曲线

如果在很小的时间段内，运动对象沿着二维超越曲线进行固定速度移动，那么二维曲线上的距离可按式(3.13)表达：

$$f(x_{i+1},y_{i+1}) = f(x_i,y_i) + v(e_i) \times \Delta t \tag{3.13}$$

该距离表现在时空超越曲线上，则可按式(3.14)、式(3.15)表达：

$$f(x_{i+1},y_{i+1},t_{i+1}) = f(x_i,y_i,t_i) + f(\Delta x,\Delta y,\Delta t) \tag{3.14}$$

$$f(\Delta x,\Delta y,\Delta t) = \int_{t_i}^{t_{i+1}} v(e_i,t)t \times \mathrm{d}t \tag{3.15}$$

式(3.14)中的(x_i,y_i)，(x_{i+1},y_{i+1})都必须满足式(3.12)的要求。

4. 时空跟驰曲线

疏散模拟中很多模型都以队列为基础，因此被疏散个体之间的跟驰是常见的行为，队列时空跟驰曲线如图 3-5 所示。

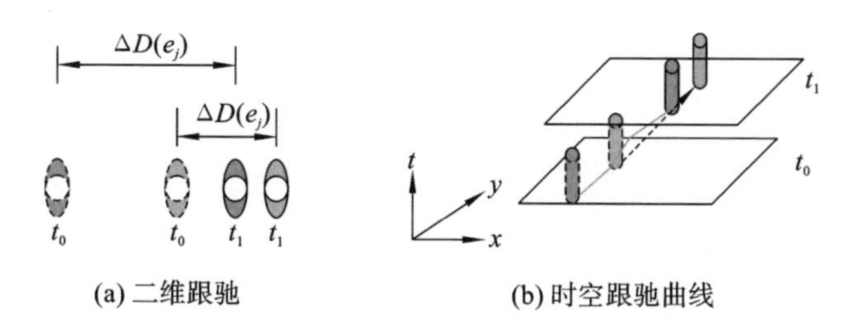

(a) 二维跟驰　　(b) 时空跟驰曲线

图 3-5　队列时空跟驰曲线

交通流中个体与个体之间的最小间隙(Fruin，1971)可按式(3.16)表达：

$$\text{MinDist} = \frac{1}{(b_p + 0.1)\rho} - d_p \tag{3.16}$$

式中：b_p 是人体肩宽，比如 $b_p = R(e_i)$；d_p 是身体厚度；ρ 是行人流的密度，根据美国交通研究委员会（Transportation Research Board）2000 年的服务水平定义，最大的人流密度可以求解为 $\rho = 2.17$ 人/m^2。然而，美洲人肩宽比约为 1∶5，亚洲人肩宽比约为 1∶4，在疏散的时候，MinDist 应该比正常的情形更加紧凑。因此，本书把式（3.16）修改为式（3.17）：

$$\text{MinDist} = \begin{cases} \dfrac{0.8}{(b_p + 0.1)\rho} - d_p & > 0.02 \\ 0.02 & \leqslant 0.02 \end{cases} \tag{3.17}$$

在满足式（3.17）的情形下，考虑到行人疏散行进过程存在一定的加速度，本书借鉴车流的非线性跟驰模型，将被疏散个体形成的流的跟驰行为表达为式（3.18）、式（3.19）：

$$a_{e_{i+1}}(t + \Delta t) = \frac{\lambda v_{e_{i+1}}(t + \Delta t)}{[f(x_{e_i}, y_{e_i}, t) - f(x_{e_i+1}, y_{e_i+1}, t)]^2}[v_{e_i}(t) - v_{e_i+1}(t)] \tag{3.18}$$

$$f(x_{e_i}, y_{e_i}, t) - f(x_{e_i+1}, y_{e_i+1}, t) \geqslant \text{MinDist} \tag{3.19}$$

式中：$f(x_{e_i}, y_{e_i}, t)$ 是被疏散个体 e_i 在路段上的距离函数，表示 e_i 所处的位置；$v_{e_i}(t)$ 是 e_i 在 t 时刻的速度；$v_{e_{i+1}}(t + \Delta t)$ 是 e_i 在 $t + \Delta t$ 时刻的速度；$a_{e_{i+1}}(t + \Delta t)$ 是在 $t + \Delta t$ 时刻对象 e_{i+1} 的加速度。

5. 三维空间移动规则

时空超越曲线定义了被疏散个体之间的超越路线，三维空间移动规则则是明确被疏散个体的移动条件。移动规则包括两个方面：移动方向和移动条件。

在移动方向方面，元胞自动机通常采取 VonNeumann 邻居、Moore 邻居、扩展 Moore 邻居、Margolus 邻居等方式来进行扩展（图 3-6）。VonNeumann 邻居具有很强的方向性，主要沿着上下左右四个方向进行扩展；Moore 邻居可以向 9 个方向同时扩展，对搜索的方向性不敏感；扩展

Moore 邻居则依次扩展多层 Moore 邻居，具有较强的搜索能力，但是计算比较耗时；Margolus 邻居每次以 2×2 的元胞统一处理，状态改变比较复杂。

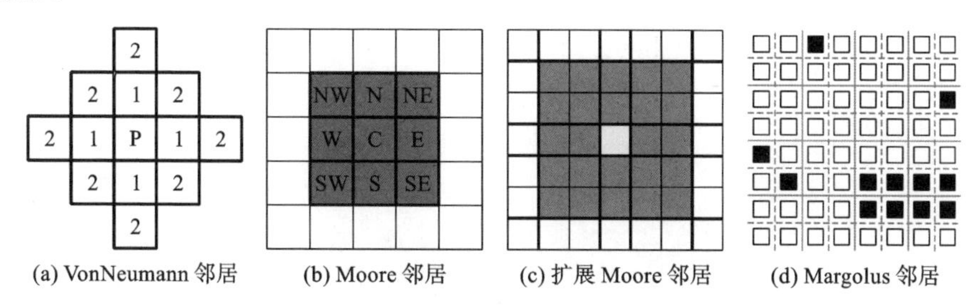

图 3-6　元胞自动机典型扩展邻居方式

本书提出一种势能方向依赖的 Moore 邻居的移动方向搜索策略，即元胞作为被疏散个体的抽象代表，确定移动方向时以势能较高的连续 4 个元胞为候选移动方向。例如：如果图 3-6(b)中 N、NE、E、SE 四个连续方向的时空可达势能相对较高，则选择 N、NE、E、SE 作为下一步扩展方向，这 4 个元胞组成该元胞 C 的扩展元胞搜索集合。该搜索策略可以避免全方位的搜索过程，充分利用时空可达势能作为启发式信息，有目的性地引导元胞快速向出口移动。

在移动条件方面，典型的元胞自动机理论中一个元胞在 $t+1$ 时刻的状态只取决于 t 时刻的该元胞及其邻居元胞的状态，但实际上在 $t-1$ 时刻的元胞及其邻居元胞的状态间接(时间上的滞后)影响了元胞在 $t+1$ 时刻的状态。本书则充分考虑周边元胞的状态和运动趋势，以安全距离为原则设定以下条件。

条件一：某个元胞 a_i 周边的扩展元胞搜索集合都没有被占用，则该元胞在下个时刻 $t+\Delta t$ 内可以移动到扩展元胞搜索集合中最大时空可达势能的元胞，反映到三维空间就是下个时间段的三维时空元胞立方体(cube)。

假设在 Δt 时间内，元胞 a_i 能够移动到达元胞集合 $\overline{A}_i=\{a_1,a_2,\cdots,a_n\}$；其周围被占用元胞 a_j 的可达元胞集合为 $\overline{A}_j$。那么两个元胞可能的冲突元胞集合则为 $\overline{A}_{ij}=\overline{A}_i\cap\overline{A}_j$。

条件二：元胞 a_i 优先选择那些能够快速占领 $\overline{A}_{ij}$ 的方向上的未被使用

三维时空元胞立方体。可按式(3.20)～式(3.22)表达：

$$a(t+\Delta t)=\{a_x \mid a_x \in \overline{A}_{ij}, P(a_x)>P(a_y), a_y \in \overline{A}_{ij}, x \neq y\} \tag{3.20}$$

$$P(a_x)=\frac{\varphi(a_i,a_x)\dfrac{\operatorname{dis}(a_i,a_x)}{v(e_i)}\times \mathrm{STA}[a_x(x),a_x(y),t(a_i)+\Delta t]}{\sum\limits_{l\in \overline{A}_{ij}}\varphi(a_i,a_x)\dfrac{\operatorname{dis}(a_i,a_x)}{v(e_i)}\times \mathrm{STA}[a_l(x),a_l(y),t(a_i)+\Delta t]} \tag{3.21}$$

$$\varphi(a_i,a_x)=\frac{k}{\sqrt{2\pi}}\exp\left\{\frac{[\alpha(a_i,a_x)-\mu]^2}{2\sigma^2}\right\} \tag{3.22}$$

式中：$\varphi(a_i,a_x)$是元胞 a_i 到 a_x 的方位角，满足到达元胞集合的正态分布函数[式(3.22)]评估值；$\operatorname{dis}(a_i,a_x)$是元胞 a_i 到 a_x 的路径距离；k 是常量参数，用于控制方位的正态分布标定程度。式(3.20)是未被使用元胞单元的选择函数；式(3.21)是未被使用元胞单元的被选择概率函数。

6. 三维空间等待规则

三维空间等待也是疏散过程中一个重要的状态，除了队列中的等待，还包括超越等待，而这个问题较少被涉及。

针对队列等待问题，Fang(2013)和李秋萍(2013)提出了基于 FIFO(先进先出)规则的排队等待模型，要求给予被疏散个体一定程度的强制等待时间(李秋萍，2013)，可按式(3.23)表达：

$$\min(\Delta t)=\frac{l+\Delta s}{v(e_i)}-\frac{\Delta s}{v(e_{i+1})} \tag{3.23}$$

强制等待后的重新启动速度(李秋萍，2013)可按式(3.24)表达：

$$v(e_{i+1})=\frac{v(e_i)\times t(e_i)-l}{v(e_i)\times t(e_i)-l-\Delta s}\times v(e_i) \tag{3.24}$$

式中：Δs 为被疏散对象在 Δt 时间内的位移距离增量；$t(e_i)$是被疏散对象 e_i 运动 Δs 距离所花费的时间；l 是被疏散个体的厚度。

本书对该模型在三维时空进一步进行改进，还针对可超越等待问题进

行统一描述。假设被疏散个体 e_i 和 e_j 分别位于三维时空元胞立方体 $C_i(t)$ 和 $C_j(t)$，两者的三维时空距离为 $|C_i(t)-C_j(t)|$，两者在下一个 Δt 时间段运动的目标分别为 $C_i(t+1)$ 和 $C_j(t+1)$，两者的三维时空距离为 $|C_i(t+1)-C_j(t+1)|$，运动过程中可能冲突的三维时空元胞立方体集合为 $\overline{C}$，那么被疏散个体 e_i 的等待时间可按式(3.25)表达：

$$\begin{aligned}&\min(\Delta t)\\&=\min\left\{\left|\frac{|C_x(t+1)-C_i(t)|-l}{v(e_i)}-\frac{|C_x(t+1)-C_j(t)|-l}{v(e_j)}\right| \mid x\in\overline{C}\right\}\end{aligned} \tag{3.25}$$

等待后的启动速度可按式(3.26)表达：

$$v(e_i)=\frac{|C_x(t+1)-C_i(t)|-l}{|C_x(t+1)-C_i(t)|-l-v(e_i)\times\min(\Delta t)}\times v(e_i) \tag{3.26}$$

具体体现在排队等待时空行为上，$\overline{C}$ 为等待过程中可能造成被疏散个体 e_i 和 e_j 冲突的三维时空元胞立方体；具体体现在超越时空行为上，$\overline{C}$ 为超越过程中可能造成被疏散个体 e_i 和 e_j 冲突的三维时空元胞立方体。

3.2 三维元胞自动机疏散模拟框架及其算法

3.2.1 模拟框架

传统的模拟软件（如 STEPS，Simulex，Pathfinder）一般提供模拟流的统计特征数据，不支持直接的时空轨迹输出和进一步时空利用率分析。而且既往研究工作（如 Xie 和 Turnquist，2011；Fang 等，2013；李秋萍，2013）多采用双层架构（上层的决策层和下层的操作层）来进行模拟，其中上层的决策层用于决策被疏散个体的路径，下层的操作层用于模拟疏散过程中的运动。这种双层架构模拟方式针对路网的疏散模拟是适合的，但是针对公共建筑里面的互通空间相对被疏散个体的比例较大、被疏散个体临时选择多变等特点则不太适用。该双层架构的方式会导致路径决策与运动模拟缺乏一个临时决策机制,而且对时空轨迹的输出分析支撑不足,对公共建筑空间里面的高动态特性体现还有需要进一步改善和提高的空间。

基于此,本书提出三层疏散模拟框架,如图 3-7 所示。

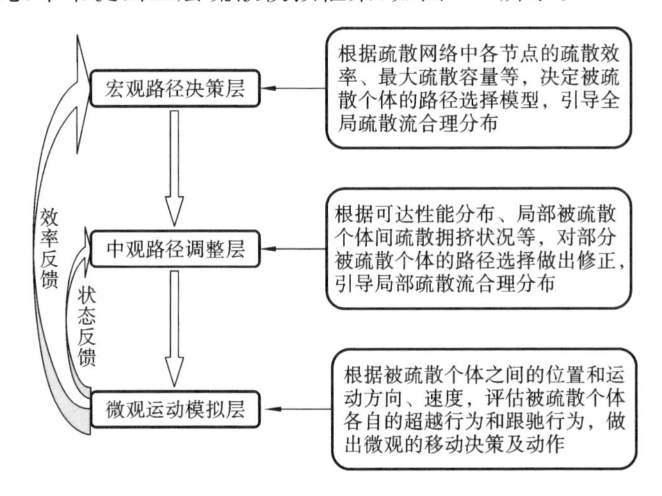

图 3-7　三层疏散模拟框架

三层疏散模拟框架各层的职责及其在疏散模拟中的作用如下。

宏观路径决策层:该层根据疏散网络中各节点的疏散效率、最大疏散容量等,决定被疏散个体的路径选择模型,其职责是对被疏散个体的出口和路径选择做出合理规划,避免出口选择集中、疏散效率不高等现象,最终引导全局疏散流合理分布。

中观路径调整层:该层根据可达性能分布、局部被疏散个体间疏散拥挤状况等,对部分被疏散个体的路径选择做出修改,其职责是找出当前局部范围内不太合理的路径引导现象,加以适当的引导和修正,使得局部疏散流合理分布。

微观运动模拟层:该层根据被疏散个体之间的位置和运动方向、速度,评估被疏散个体各自的超越行为和跟驰行为,做出微观的移动决策及动作,其职责是根据 3.1.2 节中所提出的规则模拟被疏散个体的具体运动。

在三维元胞自动机的机制中,实现这三个层次配合机制,可以使疏散模拟过程相对理性、可行,形成用于公共建筑空间疏散效率评估的算法。

3.2.2 模拟算法

蚁群算法的实现机制同疏散过程有很大的相似性，比如蚂蚁本身可以被抽象为被疏散个体，蚁群算法的信息素可以类似于疏散过程中的状态，蚂蚁运动可以与元胞自动机移动机制很好地吻合。因此，本书结合蚁群算法和元胞自动机移动机制形成建筑空间疏散模拟算法，具体如图 3-8 所示。

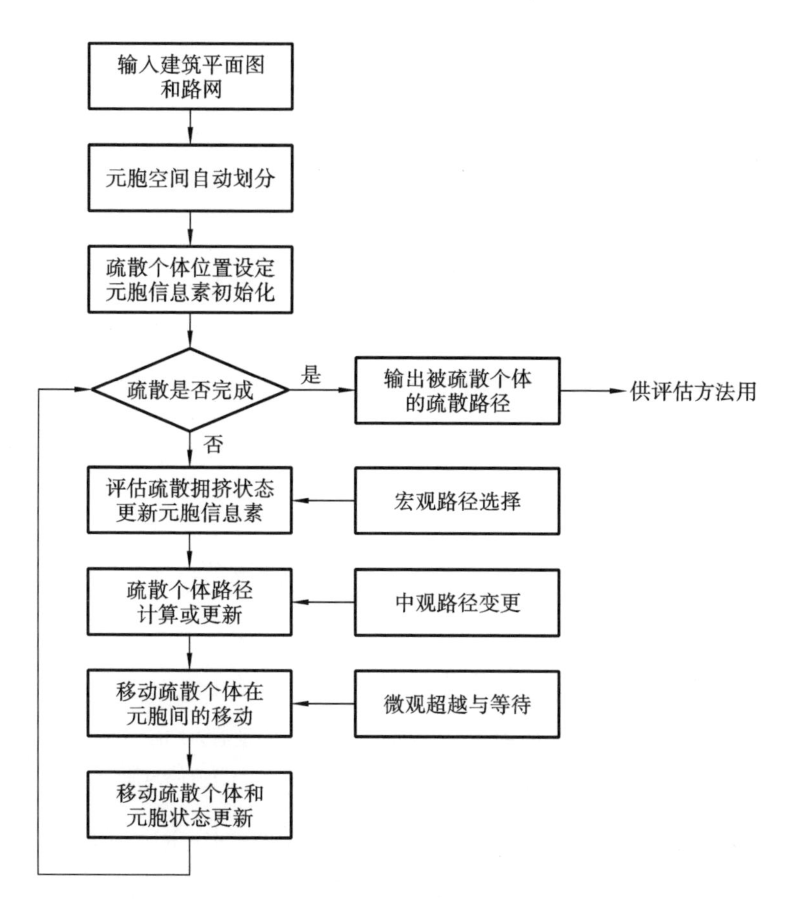

图 3-8　建筑空间疏散模拟算法

具体到算法层次，本书所提出的基于蚁群算法和元胞自动机移动机制的建筑空间疏散模拟算法流程如下。

输入:公共建筑空间 $BS = \{\overline{Room}, \overline{Passway}\}$, $\overline{Room} = \{rm_1, rm_2, \cdots, rm_m\}$, $\overline{Passway}\{psw_1, psw_2, \cdots, psw_n\}$;被疏散者数目 $\overline{E}$;疏散者在公共建筑空间中分布$\{rm_1(e), \cdots, rm_m(e), psw_1(e), \cdots, psw_n(e)\}$;通道的通行能力$\{Cpsw_1, Cpsw_2, \cdots, Cpsw_n\}$;蚁群算法的状态转移参数 α 和 β;信息素更新参数 μ;元胞单元大小 $\Delta x \times \Delta y \times \Delta t$。

输出:所有被疏散个体的时空轨迹。

Step 1:初始化。

(1) 将公共建筑空间 BS 切分为个若干个 $\Delta x \times \Delta y \times \Delta t$ 大小的元胞。

(2) 依据$\{rm_1(e), \cdots, rm_m(e), psw_1(e), \cdots, psw_n(e)\}$把被疏散个体放置到对应的房间和通道中对应的元胞中。

(3) 把蚁群状态和元胞状态都初始化为 0。

Step 2:疏散过程模拟。

(1) 更新公共建筑空间各房间和通道的拥挤状态。

(2) 根据元胞的可达时空势能等,求解或更新每个蚂蚁的优化路径。

(3) 依据式(3.27)、式(3.28)求解每个元胞单元的移动概率。

$$P_{ij} = \frac{\tau_{ij}^{\alpha}(t) \times \eta_{ij}^{\beta}(t)}{\sum_{w \in \overline{A}_{ij}} \tau_{iw}^{\alpha}(t) \times \eta_{iw}^{\beta}(t)} \tag{3.27}$$

$$\eta_{ij}(t) = \frac{1}{|P(a_i) - P(a_j)| \times [1/I_{UE}(a_j, t_{[t]})] \times \{C[r(a_j)]/I_{UE}[r(a_j), t_{[t,t+\Delta t]}]\}} \tag{3.28}$$

式中:P_{ij}是移动概率函数;$\tau_{ij}(t)$是元胞 i 选择元胞 j 过程中所对比的信息素浓度水平;$\eta_{ij}(t)$是信息素的启发式信息;α 和 β 是控制信息素浓度和启发式信息的相对重要程度的参数;$P(a_i)$是式(3.21)所表达的时空可达势能约束下的被选择概率;$I_{UE}(a_j, t_{[t]})$是元胞 a_j 在 t 时间的时空利用率;$I_{UE}[r(a_j), t_{[t,t+\Delta t]}]$是 a_j 所在建筑空间(房间或者通道)在$[t, t+\Delta t]$时间内的时空利用率;$C[r(a_j)]$是 a_j 所在建筑空间(房间或者通道)的拥挤程度。根据式(3.27)和式(3.28),进行元胞移动的选择。

(4) 根据元胞 a_j 的可达元胞集合,计算每个可达元胞的蚂蚁数。如果蚂蚁疏散路径方向的可达元胞的势能较低，则不用修改疏散路径；否则，根据可达元胞的势能，调整局部路径方向，使该元胞有可行的移动元胞目标集合；如果重复调整后，仍没有合适的移动目标，则直接执行下一步。

（5）判断元胞 a_j 移动方向上的周边元胞是否具备超越或者等待条件，如果满足超越条件，则执行下一步；如果满足等待条件，则根据执行式(3.25)所计算的等待时间，继续执行下一步；否则，直接执行(7)。

（6）如果 a_j 所在建筑空间通道的容量小于 $\mathrm{Cpsw}(a_j)$，可以直接根据选择的结果在元胞间移动蚂蚁；否则，选择次优、再次优的建筑疏散空间进行评估，符合条件就可以移动蚂蚁到相应的元胞；如果找不到合适的元胞以供移动，则该蚂蚁在当前的时段不移动，继续等待。

（7）更新元胞单元的信息素，可按式(3.29)表达：

$$\tau_{ij}(t+1)=\begin{cases}(1-\varphi)\times\tau_{ij}(t+1)+\varphi\times\tau_0 & \text{if}(\tau_{ij}(t)\geqslant\bar{\tau}(t))\\ \tau_{ij}(t) & \text{else}\end{cases} \tag{3.29}$$

式中：φ 是信息素的挥发率，$\bar{\tau}(t)$ 是 t 时刻所有信息素的均值；τ_0 是信息素的初始化基准值。这样设置的信息素挥发率，使得具有较好的时空可达势能的路径具有较高的被选择机会，能够诱导蚂蚁往时空可达势能效果较好的元胞方向移动。

（8）更新各元胞单元的状态，包括蚂蚁个数、时空可达势能、拥挤程度等。

Step 3：检测疏散是否完成。

（1）如果所有被疏散个体都被疏散出去，输出每个被疏散个体的时空路径 $\overline{P}_i=\{(x_i^1,y_i^1,t_1),\cdots,(x_i^n,y_i^n,t_n)\}$。

（2）否则，继续执行 Step 2。

3.3 基于时空轨迹的公共建筑空间疏散效率评估方法

经过基于蚁群算法和元胞自动机移动机制的建筑空间疏散模拟算法，

可按式(3.30)求解每个被疏散个体在整个疏散过程中的时空轨迹：

$$\overline{P}=\{\overline{P}_1,\overline{P}_2,\cdots,\overline{P}_i,\cdots,\overline{P}_n\},\overline{P}_i=\{(x_i^1,y_i^1,t_1),\cdots,(x_i^n,y_i^n,t_n)\} \tag{3.30}$$

这些时空轨迹是疏散过程中各种行为的统一反映。本书基于这些被疏散个体的时空轨迹，形成公共建筑空间疏散效率指标评估计算方法，如图 3-9 所示。

图 3-9 给出了疏散时间、疏散距离和疏散时空利用率等公共建筑空间疏散效率指标计算方法。该程序的实现，为后续的公共建筑空间组合模式疏散贡献度差异的评估提供实际数据支撑。

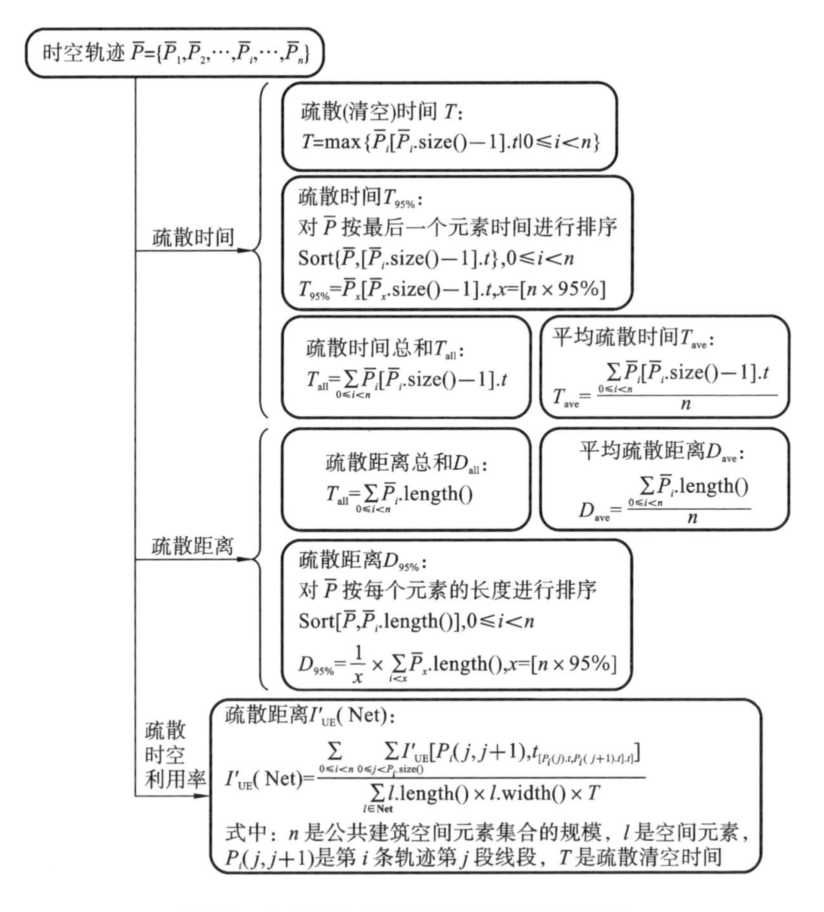

图 3-9　公共建筑空间疏散效率指标计算方法

3.4 本章小结

为了构建公共建筑空间疏散效率分析的支撑手段，本章基于被疏散个体的时空可达势能理论思路，定义了被疏散个体的三维元胞自动机疏散模型中的一些重要的规则，包括时空可达势能、路径选择模型、时空超越曲线、时空跟驰曲线、三维空间移动规则、三维空间等待规则等。基于这些规则，本章提出了公共建筑空间疏散效率的三维元胞自动机疏散模拟模型、三层疏散模拟框架以及基于蚁群算法和元胞自动机移动机制的建筑空间疏散模拟算法，可以方便实现公共建筑空间的疏散过程模拟。在此基础上，本章建立了被疏散个体时空轨迹集合与疏散效率评价指标的映射方法，最终提出了基于被疏散个体时空轨迹集合的公共建筑空间疏散效率评估方法，为公共建筑空间模式的疏散效率贡献度分析提供基础的定量化分析方法和技术手段。

4　公共建筑空间组合模式的疏散效率贡献度及其分析方法

建筑的焦点始终存在于安全、风土地貌和成本。——雷姆·库哈斯

建筑师不单要提供新的理念和新的构思，还要对社会有一份责任。他需要去解决在跟现实对话过程中出现的一些矛盾。——矶崎新

4.1　公共建筑空间组合层次结构图

4.1.1　概念与特征

公共建筑空间组合模式决定了疏散人员在疏散过程中的撤离路径连接方式，影响着总体疏散的输出效率，而单一模式内的组合方式则决定了撤离时被疏散人员的动态汇聚方式，影响着被疏散人员的最初路径决策。为了统一抽象化分析不同公共建筑空间组合模式对疏散效率的影响，本书提出了一个公共建筑空间组合层次结构图的概念，如图 4-1 所示。

公共建筑空间组合层次结构可用式(4.1)～式(4.4)表达：

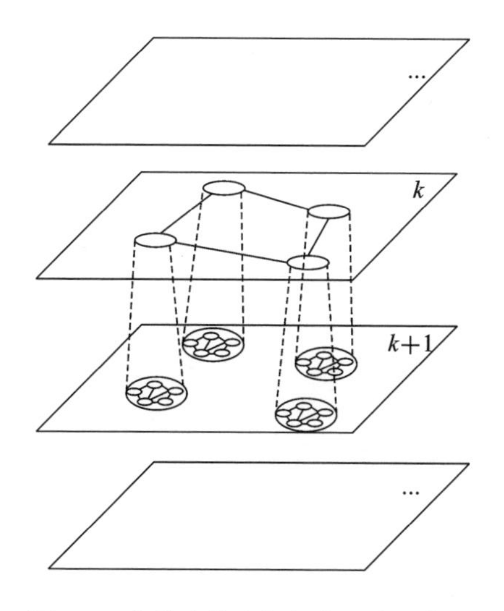

图 4-1　公共建筑空间组合层次结构图

$$
\begin{aligned}
G &= \{G^1\} \quad // \text{第一层次} \\
&= \{\{G_1^2, G_2^2, \cdots, G_i^2, \cdots, G_n^2\}, CG^2(G_1^2, G_2^2, \cdots, G_i^2, \cdots, G_n^2)\} \\
&\quad // \text{第二层次} \\
&= \{\{\{\cdots\{G_{i1}^3, G_{i2}^3, \cdots, G_{im}^3\}, CG_i^3(G_{i1}^3, G_{i2}^3, \cdots, G_{im}^3)\}, \cdots\}, \\
&\quad CG^2(G_1^2, G_2^2, \cdots, G_i^2, \cdots, G_n^2)\} \quad // \text{第三层次}
\end{aligned}
\tag{4.1}
$$

$$G_i^k = \{\{G_1^{k+1}, G_2^{k+1}, \cdots, G_i^{k+1}, \cdots, G_n^{k+1}\}, CG^k(G_1^{k+1}, G_2^{k+1}, \cdots, G_i^{k+1}, \cdots, G_n^{k+1})\} \tag{4.2}$$

$$G^k = (V^k, E^k) = \{\{v_1, v_2, \cdots, v_{n^k}\}, \{e_1, e_2, \cdots, e_{m^k}\}\} \tag{4.3}$$

$$CG^k = (CV^k, CE^k) = \{\{cv_1, cv_2, \cdots, cv_{n^k}\}, \{ce_1, ce_2, \cdots, ce_{m^k}\}\} \tag{4.4}$$

式中：v 是某个层次图中的节点，代表某个公共建筑空间组合模式中抽象出来的空间单元；e 是某个层次图中的顶点，代表相同或不同公共建筑空间组合模式的单元之间的逻辑连通关系；cv 代表同一层次图的子图（如图 4-1 中 k 层的节点）；ce 则代表子图间的逻辑连通关系（如图 4-1 中 k 层的边）。上一个层级中的节点代表下一个层级中的若干节点构成的子图，子图内部的节点构成相对独立的空间组合模式。比如：图 4-2(a)是一个简单的建筑例子，图 4-2(b)描述了该建筑相对独立的空间组合逻辑关系，图 4-2(c)为简单的层次结构图。

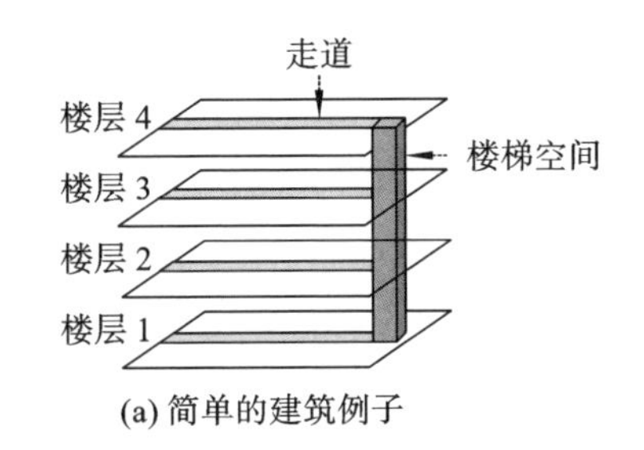

(a) 简单的建筑例子

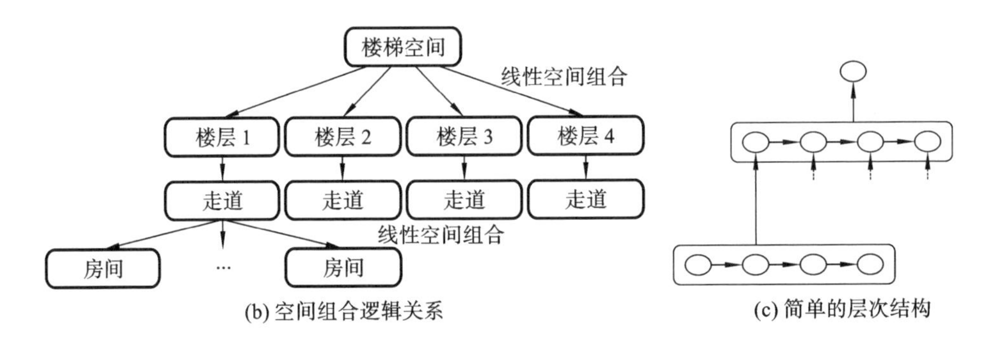

(b) 空间组合逻辑关系

(c) 简单的层次结构

图 4-2　公共建筑空间组合层次结构图例子

公共建筑空间组合层次结构图具有以下特性。

(1) 公共建筑空间表达的相对独立性。

公共建筑空间组合层次结构图的子图具有相对独立的组合模式，能够从拓扑关系上遵循该组合模式特征。在子图基础上构成的上一层级子图，也能够形成相对对立固定的组合模式。这种相对独立的表达方式为公共建筑空间组合模式提供结构性分析依据。

(2) 公共建筑空间疏散的层级性。

公共建筑空间在疏散时具有明显的层级性。比如：一般来说，一个楼层的疏散可以归结为一个层次，多个楼层各自的疏散可以被视为同一层级，而楼层之间的疏散则可以被视为高一个层级，因为楼层之间的疏散流具有汇集性和明显的控制作用。对平面空间也可做类似的理解。

(3) 公共建筑空间疏散重要性差异。

处于组合层次结构图越高层级的公共建筑空间，越具有主要的疏散性能。反之,处于组合层次结构图低层级的公共建筑空间,则具有相对次要的疏散性能。比如:图 4-2 中的楼梯空间具有主要的疏散性能,而每个楼层中的走道则具有相对次要的疏散性能。

4.1.2 层级的连通度

公共建筑空间组合层次结构图是抽象建筑空间组合的一个有效方法。建筑师和研究人员往往还需要设计高层级建筑空间的组合关系。比如:组团式空间组合模式下,哪些组团与哪些组团连接比较重要,这关系到组团式建筑空间结构的疏散效率。

本书用层级的连通度来描述各层级节点之间的连通关系,特别是用它来量化高层级建筑空间组合的复杂程度。如图 4-3(a)所示是某个组团式的建筑;图 4-3(b)中＃1 描述了其内部空间的组团级连通关系,＃2 给出了方案设计中不同的组团级连通关系。对建筑师而言,如何量化评价方案＃1 和＃2 在疏散方面的优劣程度,是一个不易说清的事情。本书将连通度分为三个类别:①组合模式间连通关系,偏重宏观层面的空间分布;②组合模式内骨架连通关系,偏重中观层级的空间分布;③组合模式内骨架与其他空

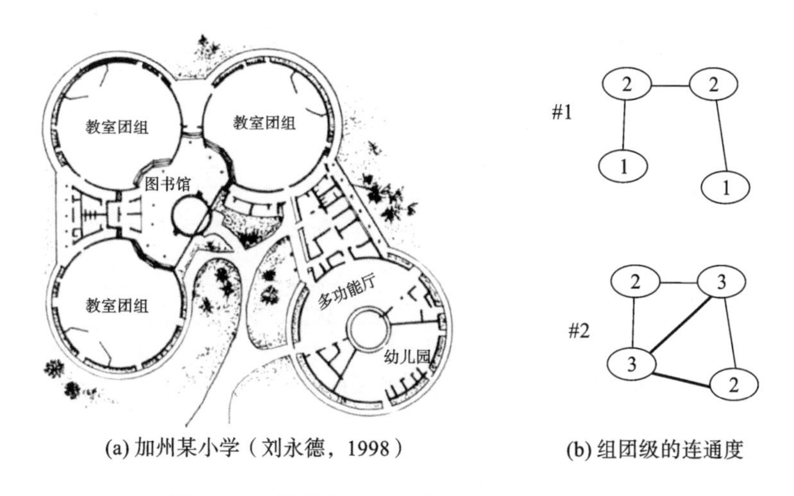

(a) 加州某小学（刘永德，1998）　(b) 组团级的连通度

图 4-3　组团式空间组合中组团层级的连通度

间的连通关系，偏重微观层级的空间分布。后面的章节将深入分析层级连通度与疏散效率的关联程度。

4.2 基于公共建筑空间组合层次结构图的疏散效率贡献度分析方法

公共建筑空间组合层次结构图可以从宏观、中观、微观角度来分析公共建筑的疏散效率，比如：从微观角度分析建筑空间单元的疏散性能；从中观角度分析空间组合模式内部的疏散性能；从宏观角度分析不同组合模式的再组合疏散效率。

3.3 节已经给出了基于疏散时空轨迹的公共建筑空间疏散效率评估方法，依据疏散时间、疏散距离和疏散时空利用率的评估结果，本书建立了基于公共建筑空间组合层次结构图的疏散效率贡献度分析方法，其框架如图 4-4 所示。

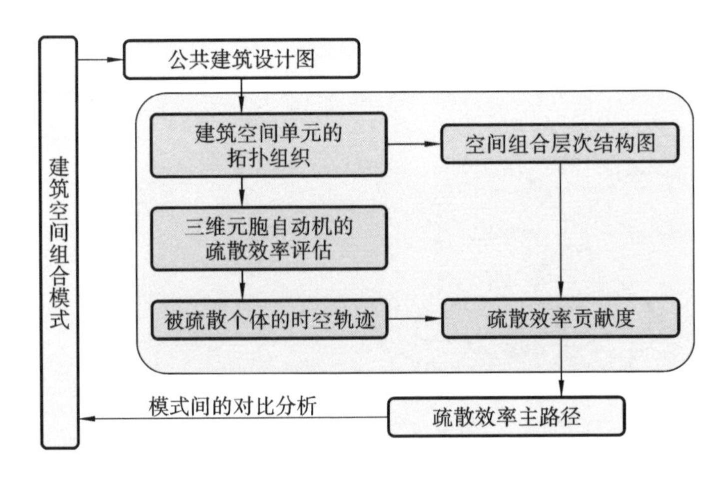

图 4-4 基于公共建筑空间组合层次结构图的疏散效率贡献度分析方法框架

4.2.1 时空轨迹与空间组合层次结构图的映射

经过公共建筑空间的疏散模拟，可以得到每个被疏散个体的时空轨迹，如图 4-5 所示。

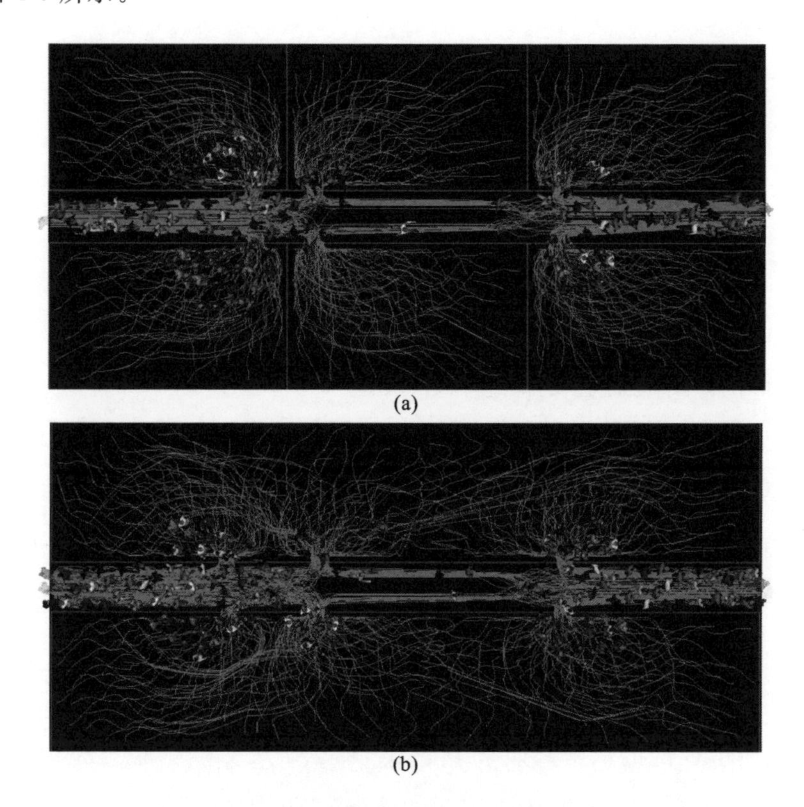

(a)

(b)

图 4-5 空间组合方式下的疏散时空轨迹差异实例

每个被疏散个体的时空轨迹可以用式(4.5)表达：

$$\overline{P} = \{\overline{P}_1, \overline{P}_2, \cdots, \overline{P}_i, \cdots, \overline{P}_n\}, \overline{P}_i = \{(x_i^1, y_i^1, t_1), \cdots, (x_i^n, y_i^n, t_n)\} \tag{4.5}$$

我们可以把每个被疏散个体的时空轨迹简化为式(4.6)：

$$\overline{P}_i = \{(\mathrm{PubObj}_1, t_1), \cdots, (\mathrm{PubObj}_n, t_n)\} \tag{4.6}$$

其中，PubObj_1 是时空轨迹所经过的公共建筑空间单元，如房间、走道、楼梯、大厅、门厅等。如图 4-6(a)中的时空轨迹可以被表达为式(4.7)：

$$\overline{P}_i=\{(\mathrm{Room}_1,t_1),(\mathrm{Corridor}_2,t_2),(\mathrm{Stair}_0,t_3),(\mathrm{Exit}_0,t_4)\} \quad (4.7)$$

图 4-6(b)为该时空轨迹被映射在公共建筑空间组合层次结构图中的情形。

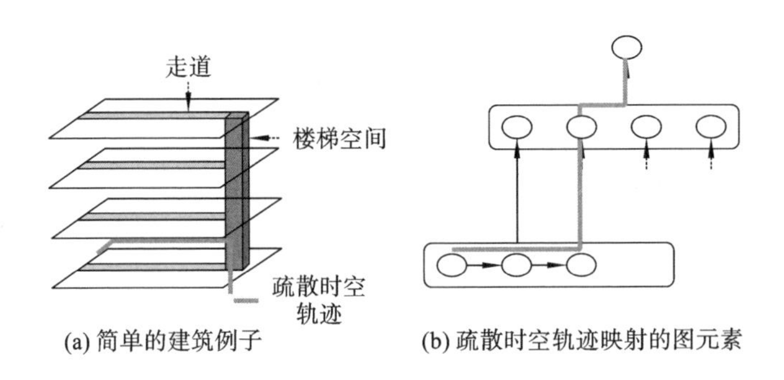

(a) 简单的建筑例子　　(b) 疏散时空轨迹映射的图元素

图 4-6　简单的映射实例

具体的映射规则定义如下。

假如该公共建筑空间的层次图为 G，最大层级为 k，那么依据以下规则对简化后的时空轨迹与公共建筑空间组合层次结构图建立映射。

规则 1：时空轨迹从内部经过的第 k 层的公共建筑空间单元 i，那么，将该时空轨迹与该单元建立直接映射，表现为 G 中的节点匹配，也就是说可以把轨迹直接匹配到最低层的图单元。

规则 2：对 $k-1,k-2,\cdots,0$ 等层级的映射，按由低到高的顺序依次进行映射匹配，匹配的依据是如果 $\overline{P}_i\in G_i^k$，那么 $\overline{P}_i\in G_i^{k-1}$。也就是说上层次公共建筑空间单元自然覆盖下层次的轨迹，必须依据上下层次关系进行轨迹综合匹配。

规则 3：如果第 k 层级的公共建筑空间单元 i 是 $k-1$ 层级多个公共建筑空间单元的共有部分，那么在映射时根据时空轨迹的下一个(相同时则继续往后对比，直到出现不同的)运动方向进行偏序性映射，即优先映射到时空轨迹下一个运动方向上公共建筑空间单元所在的层级单元。

时空轨迹与空间组合层次结构图的映射具备如下的特性。

(1) 具备完备的轨迹的空间单元追踪和集成表达能力。在低层级能够真实表达轨迹的主要运动过程，在高层级能够集成表达群体的轨迹特征。

(2) 具备简单的公共建筑空间的实际疏散统计能力。基于空间组合层次结构图的疏散统计能够克服时空轨迹数据量大的特点，其通过自然的轨迹变化点的方式能够大大减少统计任务量。

4.2.2 疏散效率贡献度

本书基于公共建筑空间组合层次结构图，提供一种疏散效率贡献度指标，用于刻画不同层级和不同组合模式结构对疏散的贡献程度相对关系。

本书提出疏散效率贡献度的概念来描述不同空间组合模式对疏散效率的相对贡献程度。一般来讲，对于一个特定的空间，每个被疏散个体的撤离时间和路径越短、疏散的个体数量越多，那么这个空间的疏散效率贡献度就越高。比如图 4-7 给出的单个空间疏散效率贡献度比较的例子：如图 4-7(a)和图 4-7(b)所示同为三个被疏散个体，但是图 4-7(a)中的被疏散个体的撤离时间和路径较短，那么图 4-7(a)中该空间的疏散贡献度就比图 4-7(b)中同样大小的空间疏散效率贡献度高；同理，图 4-7(c)中该空间的疏散贡献度就比图 4-7(d)中同样大小的空间疏散效率贡献度高；当比较图 4-7(a)和图 4-7(c)时，不难发现，图 4-7(c)同样是疏散时间和疏散距离短，但是被疏散的个体数量比图 4-7(a)中同样空间中被疏散的个体数量多，这说明图 4-7(c)对疏散的贡献率较大。因此，用此概念，我们可以直观反映不同公共建筑空间以及空间组合模式对疏散效率贡献度的差异。对公共建筑空间组合模式设计来说，可以直观度量不同空间组合模式的疏散能力。

根据上述疏散效率贡献度所表达含义，假如该公共建筑空间的层次图为 G，最大层级为 k，那么疏散效率贡献度可按式(4.8)～式(4.10)表达：

$$\Phi_G(G_i^1) = \sum_{j \in G_i^0}(G_j^2) = \sum\sum\cdots\sum_{l \in G_i^k}\Phi_G(G_l^k) \tag{4.8}$$

$$\Phi_G(G_l^k) = \sum_{j \in v_{n}^{k}} f(v_{j^k}) / \Delta T(G_l^k) \tag{4.9}$$

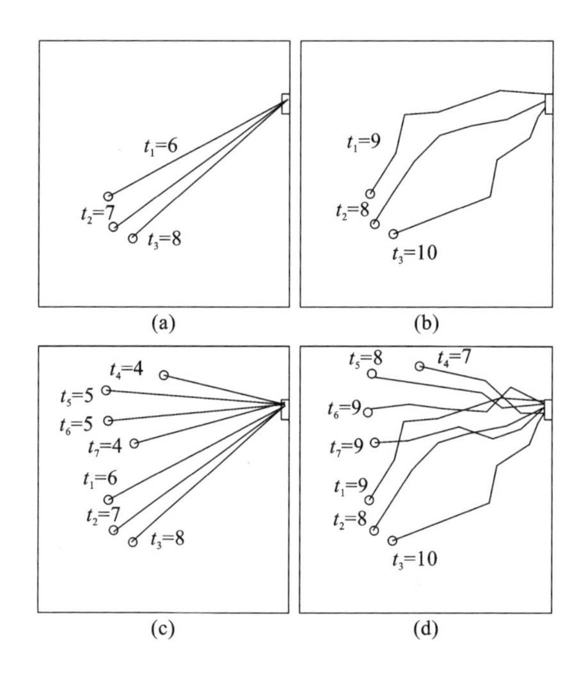

图 4-7　疏散效率贡献比较的例子

$$f(v_{j^k}) = \sum_{j \in \overline{P}_i} \left[\frac{\mathrm{Dist}(p_j, v_{j^k})}{\mathrm{Length}(v_{j^k})} \times \frac{\varphi}{T(p_j, v_{j^k})} \right] \tag{4.10}$$

式中：$\Phi_G(G_l^k)$是图 G_l^k 的疏散效率贡献度值，$\Delta T(G_l^k)$是图 G_l^k 疏散过程的使用时间段，$\mathrm{Dist}(p_j, v_{j^k})$是个体 p_j 在建筑空间单元 v_{j^k} 内的活动轨迹长度，$T(p_j, v_{j^k})$是个体 p_j 在建筑空间单元 v_{j^k} 内的活动时间，$\mathrm{Length}(v_{j^k})$是轨迹方向上建筑空间单元 v_{j^k} 的长度，φ 是参数，$f(v_{j^k})$是建筑空间单元 v_{j^k} 的疏散效率贡献度值。

疏散效率贡献程度具有反映有关空间组合及其模式疏散特征的优点：

(1) 直观反映公共建筑空间的组合层次结构图中任一元素对疏散效率的贡献程度，具备了对组合层次结构的分析基础；

(2) 结合公共建筑空间的组合层次结构图，可以直接反映不同粒度空间层次之间的疏散效率重要性关系；

(3) 可以与公共建筑空间的组合层次结构图结合起来，分析建筑内不同空间区域的疏散效率贡献度差异，为建筑设计方案改进提供可量化的分析结论。

4.3 公共建筑空间组合模式的疏散效率贡献主路径

公共建筑空间的层次图 G 定义了公共建筑内多个空间组合模式之间的连接关系。这种表达可以直观反映公共建筑整体中的疏散效率贡献度及其差异，针对这些差异，本书提出面向疏散效率的公共建筑空间组合模式主路径概念。

面向疏散效率的公共建筑空间组合模式主路径是指承载主要疏散效率贡献度的一条路径，该路径是 G 的一个子图，该子图只包含了公共建筑空间组合模式的层级子图元素，这些元素之间承载贡献效率递增的关系，每个子图元素都是 G 中相同级别子图中较大的一个，该路径上的上下级子图元素具有拓扑连续性。该主路径可按式(4.11)～式(4.13)表达：

$$G_{\text{keypath}} = \{G_0, G^1, G^2, \cdots, G^i, \cdots, G^k\}\} \tag{4.11}$$

$$G^i = \{G^{i+1} + C\,G(G^iG^{i+1}) \mid \max(\Phi_G(G^{i+1})), G_1^{i+1}, G_i^{i+1}, \cdots, G_i^{i+1}, \cdots, G_n^{i+1}\} \tag{4.12}$$

$$\Phi_G(G^0) \geqslant \Phi_G(G^1) \geqslant \Phi_G(G^2) \geqslant \cdots \geqslant \Phi_G(G^i) \geqslant \cdots \geqslant \Phi_G(G^k) \tag{4.13}$$

图 4-8 给出了疏散效率贡献主路径的例子。在第二层次，疏散效率贡献度值为 2.7(2.7＝1.5＋0.6＋0.6)的节点为同等级中较大的，而且与上一级有直接的连接关系，因此该层级的主路径元素选疏散效率贡献度值为 2.7 的节点。在第三级中，该节点由两个子节点组成，

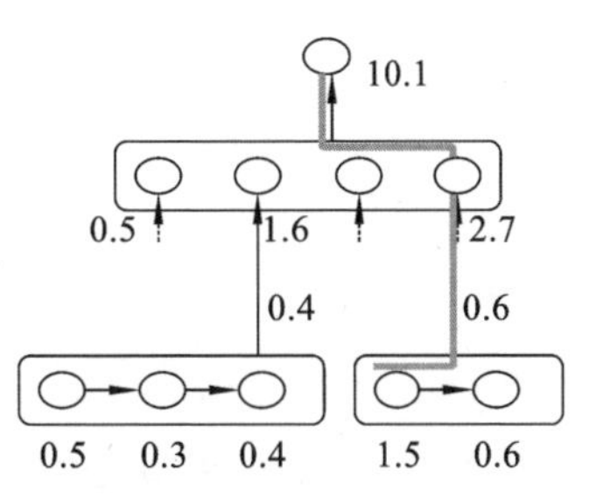

图 4-8　疏散效率贡献主路径

较大的子节点为疏散效率贡献度值为 1.5 的节点，因此，在第三级中，选疏散效率贡献度值 1.5 的节点为第三层级的主路径节点。图 4-8 中加粗的路线就是该例子中的疏散效率贡献主路径。

公共建筑空间组合模式的疏散效率贡献主路径，直观反映了该建筑空间组合模式中对疏散效率影响较大的、重要的空间组合部分，也能够直观反映疏散贡献效率较低的空间区域，可以帮助设计师有针对性地提出修改措施，对提高建筑设计方案中的疏散效率能够起到非常有益的指导作用。

4.4 公共建筑空间组合模式的疏散效率贡献均衡指标

通过前面的公共建筑空间组合模式的疏散效率贡献度概念及其求解方法，可以获得公共建筑内部各空间组合之间的疏散效率贡献度差异。对评价一个建筑设计方案而言，还需要评估这个方案中不同空间组合之间对疏散效率贡献度的均衡性。

Theil 指数是 1967 年由计量经济学家 Henri Theil 提出的一个用于衡量经济不平等的统计量，能够反映经济数据之间的相互均衡程度。假如有一个需要评价的数据集合 $X=\{x_i \mid 0 \leqslant i < n\}$，$n$ 是数据规模，就这个数据集合 X 而言，Theil 指数可用式(4.14)和式(4.15)表达：

$$T_T = \frac{1}{n}\sum_{i=1}^{n}\left[\frac{x_i}{\overline{x}}\ln\left(\frac{x_i}{\overline{x}}\right)\right] \tag{4.14}$$

$$T_L = \frac{1}{n}\sum_{i=1}^{n}\left[\ln\left(\frac{\overline{x}}{x_i}\right)\right] \tag{4.15}$$

式中：T_T和 T_L是 Theil 指数的两种测度方法，其中 T_T测度方法用分析数据的对数值与等值分配的对数测度它们之间的差别，并且用分析数据比重加权，T_L测度方法与 T_T测度方法的区别仅在于用分析数据比重加权；x_i 是第 i 个要做均衡比较的值；$\overline{x}$ 是集合 X 中对象的平均值。Theil 指数的一个优点是它是某个子群体中不平等的加权和，并且这个指数具有良好的可分解性，可以进一步比较分析这些数据之间的差异。

本书利用 Theil 指数来反映公共建筑空间组合模式的疏散效率贡献均衡程度，具体如下。

根据建筑空间组合模式对 G 进行切分，可以得到：$G=\{G_{\text{mod1}},G_{\text{mod2}},\cdots,G_{\text{mod}n}\}$，单个组合模式的空间可以表达为 $G_{\text{mod}i}=\{G_{\text{mod}i1},\cdots,G_{\text{mod}im}\}$，那么本书把 Theil 指数分解：

$$
\begin{aligned}
T_T &= \frac{1}{n}\sum_{i=1}^{n}\left[\frac{x_i}{\overline{x}}\ln\left(\frac{x_i}{\overline{x}}\right)\right] \\
&= \frac{1}{n}\sum_{g}\sum_{i=1}^{G_{\text{mod}g}}\left\{\frac{\Phi_G(x_i)}{\Phi_G(\overline{x})}\ln\left[\frac{\Phi_G(x_i)}{\Phi_G(\overline{x})}\right]\right\} \\
&= \sum_{g}\frac{n_g}{n}\frac{\Phi_G(G_{\text{mod}g})}{\Phi_G(\overline{x})}T_T(G_{\text{mod}g})+\frac{1}{n}\sum_{g}n_g\frac{\Phi_G(G_{\text{mod}g})}{\Phi_G(\overline{x})}\ln\left[\frac{\Phi_G(G_{\text{mod}g})}{\Phi_G(\overline{x})}\right]
\end{aligned}
\tag{4.16}
$$

这里的 $T_T(G_{\text{mod}g})$ 为组合模式内的差异，因此，$\sum_{g}\frac{n_g}{n}\frac{\Phi_G(G_{\text{mod}g})}{\Phi_G(\overline{x})}T_T(G_{\text{mod}g})$ 为组合模式内部的差异总和；$\frac{1}{n}\sum_{g}n_g\frac{\Phi_G(G_{\text{mod}g})}{\Phi_G(\overline{x})}\ln\left[\frac{\Phi_G(G_{\text{mod}g})}{\Phi_G(\overline{x})}\right]$ 为组合模式间的差异。式(4.16)就是衡量公共建筑空间组合模式对疏散效率贡献均衡程度的指数。

这里分解出来的组合模式内的差异主要用于反映各房间对疏散效率贡献的差异；组合模式间的差异主要用于反映公共建筑各空间组合对疏散效率贡献的程度差异。用该方法来衡量空间组合对疏散效率贡献均衡程度差异，对综合评估一个建筑设计方案具有较好的实用价值。

4.5 本章小结

本章针对公共建筑设计中空间组合模式的疏散效率贡献度数值化分析需求，提出公共建筑空间的组合层次结构图概念，用以表达公共建筑空间组合模式的层次间隶属关系以及相互关联关系。然后，基于所提出的公共建筑空间组合层次结构图概念，建立了被疏散个体时空轨迹与公共建筑空间组合层次结构图的映射匹配机制，提出了公共建筑空间组合模式的疏散效率贡献度、疏散效率贡献主路径以及疏散效率贡献均衡等概念与指标，可直接用于刻画公共建筑空间组合模式对疏散效率的贡献作用，为公共建筑空间组合模式在疏散效率方面的对比分析提供计算依据，形成面向公共建筑空间组合模式的疏散效率贡献度差异的新定量化评估方法，为公共建筑空间组合模式的疏散效率及其贡献度分析提供了评价理论基础与实现方法。

5　公共建筑空间组合模式的疏散效率及贡献度实验分析

当开始构思一座建筑的时候，我首先通过一个非常直接的、
特殊的方法来解决设计要求，接着精心推敲，
这时我会完全聚焦于挖掘最特别的细节。
整个过程带着这样一种观点来思考：
使建筑模糊并且统一。——拉斐尔·莫内欧

5.1　实验软件平台的开发

本书结合时空可达势能的三维元胞自动机模拟模型、框架与算法，基于C++语言、Qt Gui库、Gnuplot等语言、功能库和工具资源，自主开发了公共建筑空间组合模式的疏散效率分析的原型系统软件平台。

(1) C++语言是一种广泛使用的计算机编程语言，能够支持多重编程范式，以及过程化程序设计、数据抽象、面向对象程序设计、泛型程序设计等多种编程风格。

(2) Qt是Trolltech公司设计的一个跨平台库，Qt Gui库(http://qt-project.org/doc/qt-5.0/qtgui/qtgui-module.html)包含了开发图形用户界

面应用程序所需的功能，可以支持各个平台的本地图形 API（application programming interface，应用程序接口），在本实验软件平台中主要用于用户界面和图形显示等功能实现。

（3）Gnuplot（http：//www. gnuplot. info/）是由 Colin Kelly 和 Thomas Williams 于 1986 年开始开发的科学绘图工具，支持二维和三维图形的绘制，它能把数据资料和数学函数转换为容易观察的平面或立体的图形，可以很容易地读入外部的数据结果，在屏幕上显示图形，并且可以选择和修改图形的画法，明显地表现出数据的特性，本软件平台主要用 Gnuplot 来绘制统计图表。

图 5-1 展示了本书所开发的原型系统软件平台概貌。图 5-2 列出了该平台的功能模块，该软件平台包含图形导入、图形元素识别、元胞自动机模拟、统计与分析、设置和显示等功能模块。其中，图形元素识别模块中房间、通道和出口分别通过不同颜色来加以区分，比如背景和墙等不可用的位置用 RGB(255，255，255)表示，房间用 RGB(195，240，200)表示，走廊、通道用 RGB(230，191，250)表示，出口用 RGB(255，255，150)表示。

图 5-3 显示了本书所开发系统软件平台的界面 UML 类图，包括疏散类、界面统计类、文本统计类、图表显示类等；图 5-4 显示了该平台的算法 UML 类图，包括数据组织类（房间、节点、网格、路径、出口等）和算法类等。这些类保障了平台的开发与实现。

图 5-5 显示了疏散运行过程的模拟实例，其中房间和通道都被切分为元胞，元胞的占有变化过程代表了被疏散人员的疏散过程。表 5-1 列出了该实例中疏散宏观路径规划结果，指导被疏散人员的初始撤离路线。图 5-6 给出了该实验平台中疏散运行过程的模拟结果实例，文本中记录了各房间和通道的疏散指标，包括疏散时间，疏散距离，疏散时空利用率等。图 5-7 展示了疏散结果的一种统计图实例形式，为直观对比不同房间和通道的疏散效率提供了工具手段。

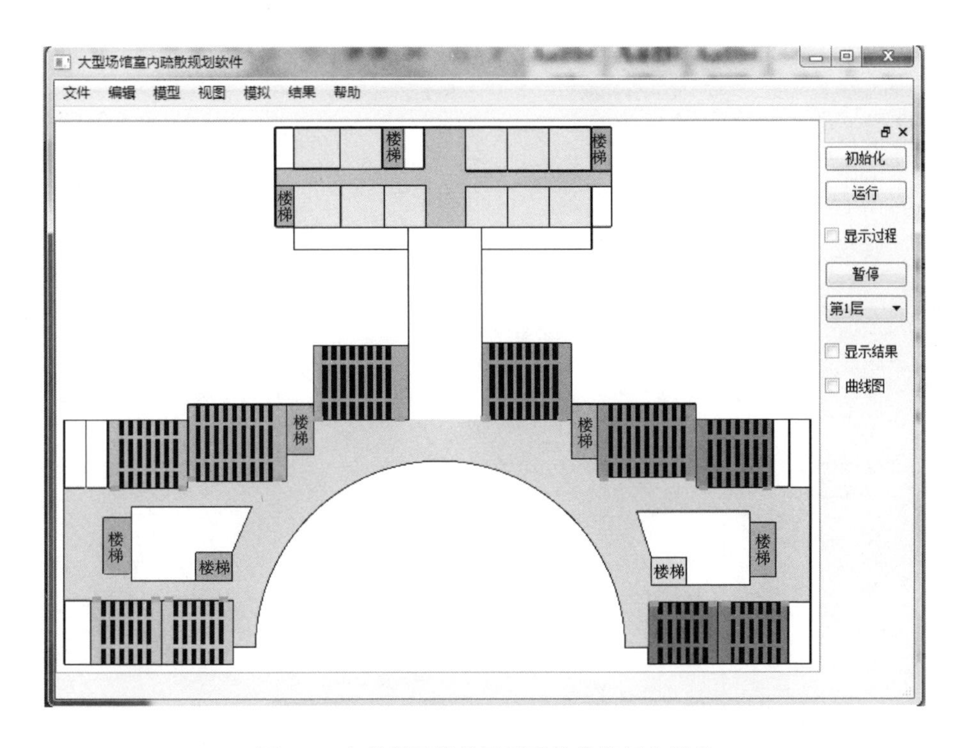

图 5-1　本书所开发的原型系统软件平台概貌

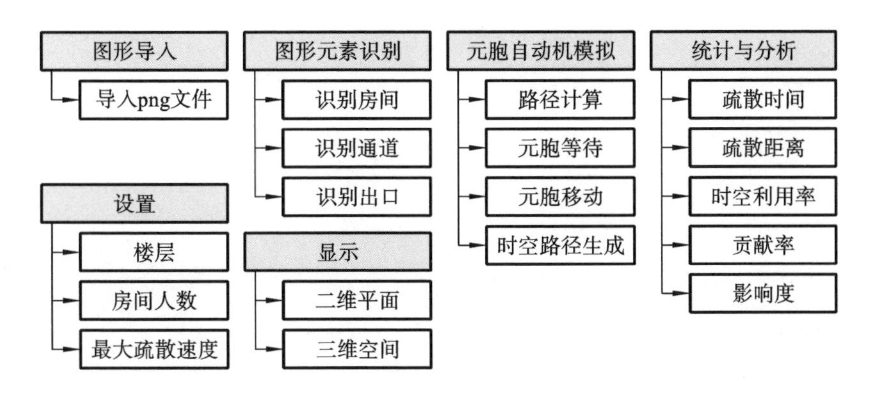

图 5-2　本书所开发系统软件平台的功能模块

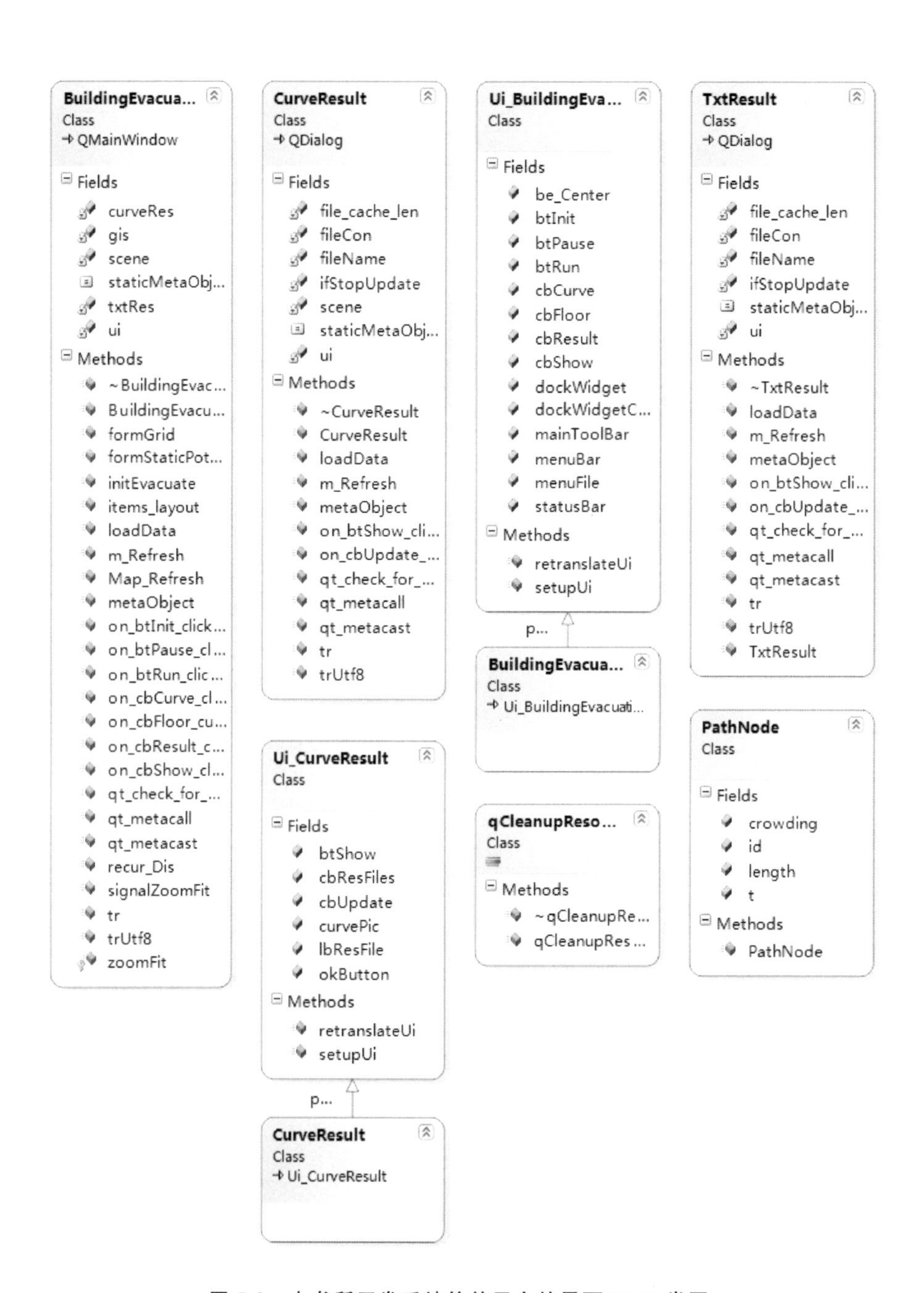

图 5-3　本书所开发系统软件平台的界面 UML 类图

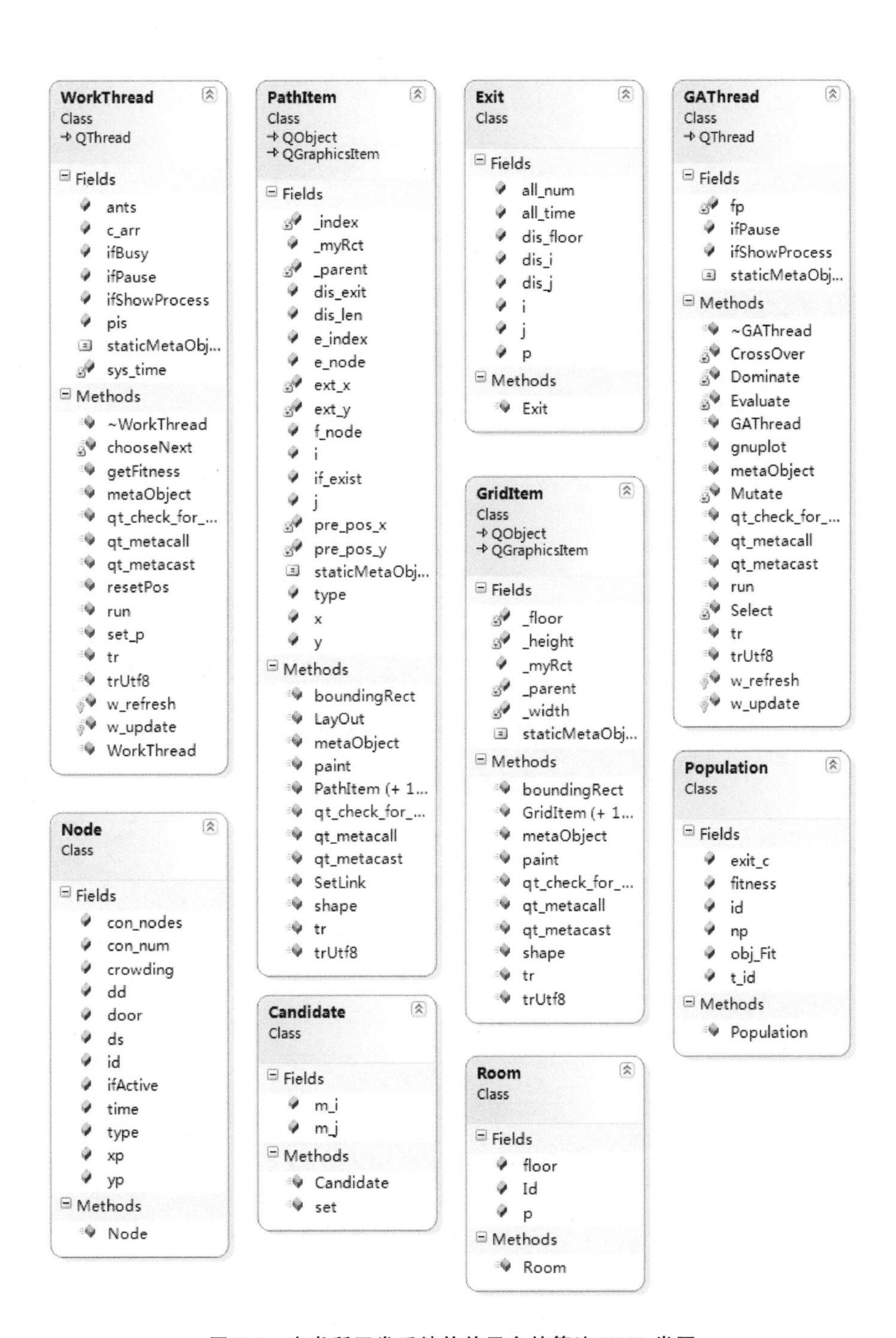

图 5-4　本书所开发系统软件平台的算法 UML 类图

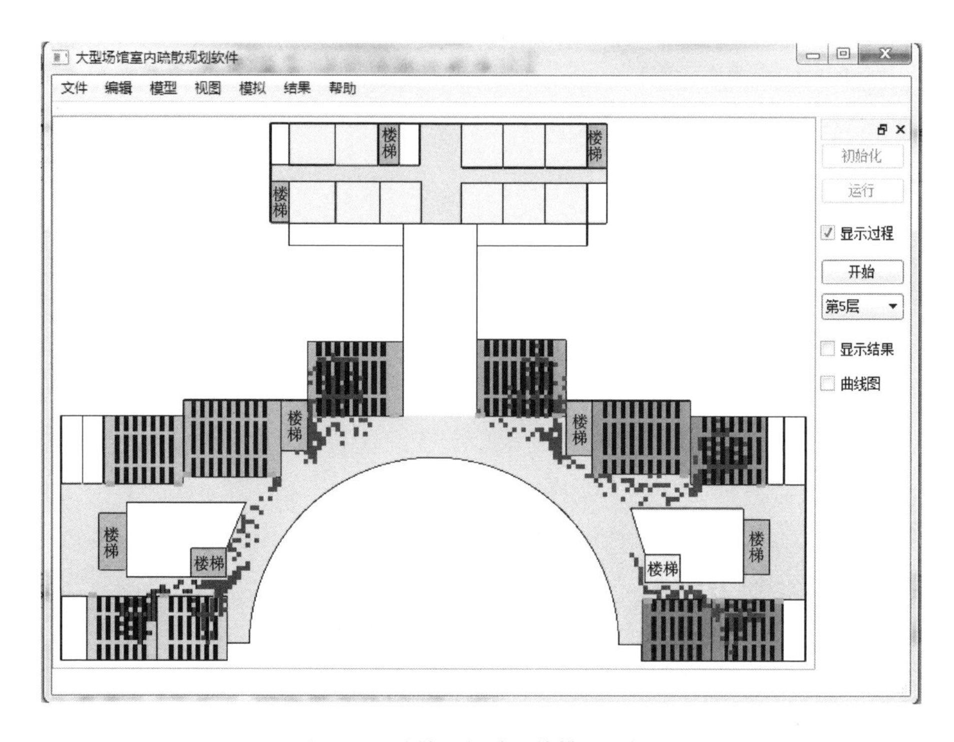

图 5-5 疏散运行过程的模拟实例

表 5-1 疏散宏观路径规划结果实例

房间	第 5 层	第 4 层	第 3 层	第 2 层
room_508	6	6	6	6
room_507	5	5	5	5
room_506	3	3	3	3
room_505	4	4	4	4
room_504	2	2	2	2
room_503	1	1	1	1
room_502	1	1	1	1
room_501	2	2	2	2
room_407		5	5	5
room_405		4	4	4
room_404		2	2	2
room_403		4	4	4
room_402		6	6	6

续表

房间	第 5 层	第 4 层	第 3 层	第 2 层
room_401		1	1	1
room_308			5	5
room_307			6	6
room_305			4	4
room_304			3	3
room_303			5	5
room_302			1	1
room_301			2	2
room_206				4
room_205				4
room_204				3
room_203				2
room_202				1
room_201				1

图 5-6　疏散运行过程的模拟结果实例

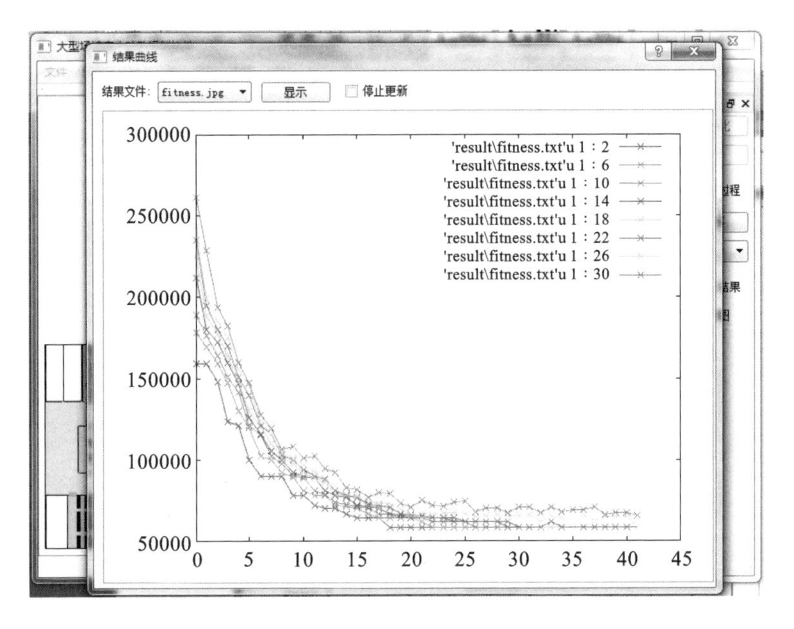

图 5-7　疏散结果的统计图实例

5.2　实验数据

为了分析公共建筑空间组合模式对疏散效率贡献作用，本书通过三个方面的实验数据来开展具体的实验分析。

(1) 针对单一空间组合模式的模拟数据，用 16 个相同大小的房间，依据典型的七种类型空间组合模式（并列式、集中式、线性组合、辐射式、组团式、网格式、轴线对位式）进行排列，作为分析对比这些空间组合模式之间疏散效率的实验数据。

(2) 为对比分析不同室内空间组合模式的疏散效率贡献度，本书针对某建筑艺术展览馆的 7 个建筑设计方案进行分析，这 7 种设计方案都是在相同设计指标要求下进行的，但是具有不同类型的空间组合模式。这些建筑设计方案根据建筑设计图制作了天正建筑户型图，对原始数据进行了加工。本书实验软件平台读入这些 CAD 文件，再继续进行房间和通道的识别标注处理。

(3) 本书针对一个国际竞标大型建筑设计作品(深圳市孙逸仙心血管医院国际竞标方案)开展研究,分析国际竞标作品中空间组合模式的疏散效率贡献主路径及组合模式的均衡指标状况,对其疏散性能特征做出评价分析。该建筑的平面图来自江苏人民出版社2012年出版的《国际竞标建筑年鉴》,本书依据该书所展示的平面图,在AutoCAD中画出该建筑的平面图,然后导入实验软件平台中进行分析。

5.3 疏散效率贡献度的实验与对比分析

5.3.1 单一空间组合模式间的疏散效率实验对比分析

单一空间组合模式间实验对比分析的目的是探索各空间组合模式在疏散效率(疏散时间和疏散距离)、时空利用率等方面的差异,得出各空间组合模式的基本疏散性能差异。

商业建筑营业部分的安全出口应分散布置,每个防火分区、一个防火分区的每个楼层,至少应有两个安全出口。为了比较单一公共建筑空间组合模式之间的疏散效率差异,本书针对16个房间进行了不同组合模式的排列(图5-8),每个房间的大小一致(7 m×11.5 m),并都被放入50人进行模拟疏散。不同组合模式定义了这些房间不同的排列组合方式。为了突出不同组合模式的优点,本组例子中除辐射式空间组合模式和网格式空间组合模式分别设置4个和8个出口之外,其他空间组合模式都只设置相同的2个出口。图5-9显示了不同方案模拟出的所有被疏散人员时空路径。从时空路径可以看出,在这些单一空间组合模式下,除方案7之外,其他方案中特定出口都对应各自房间的疏散对象,也就是说具备相对较为清晰的疏散分工,这对于在建筑设计中考虑疏散方案非常有帮助。

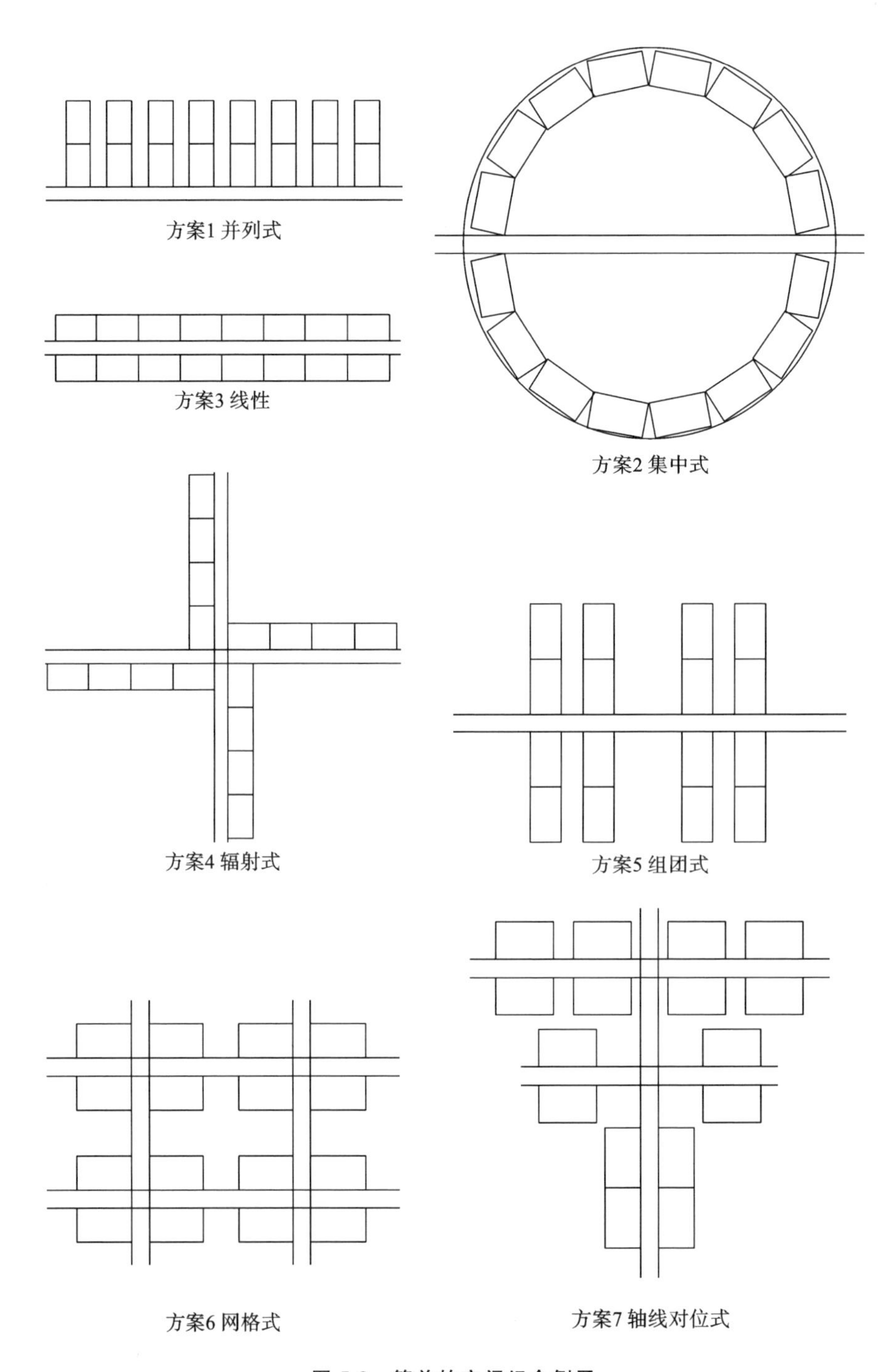

图 5-8　简单的空间组合例子

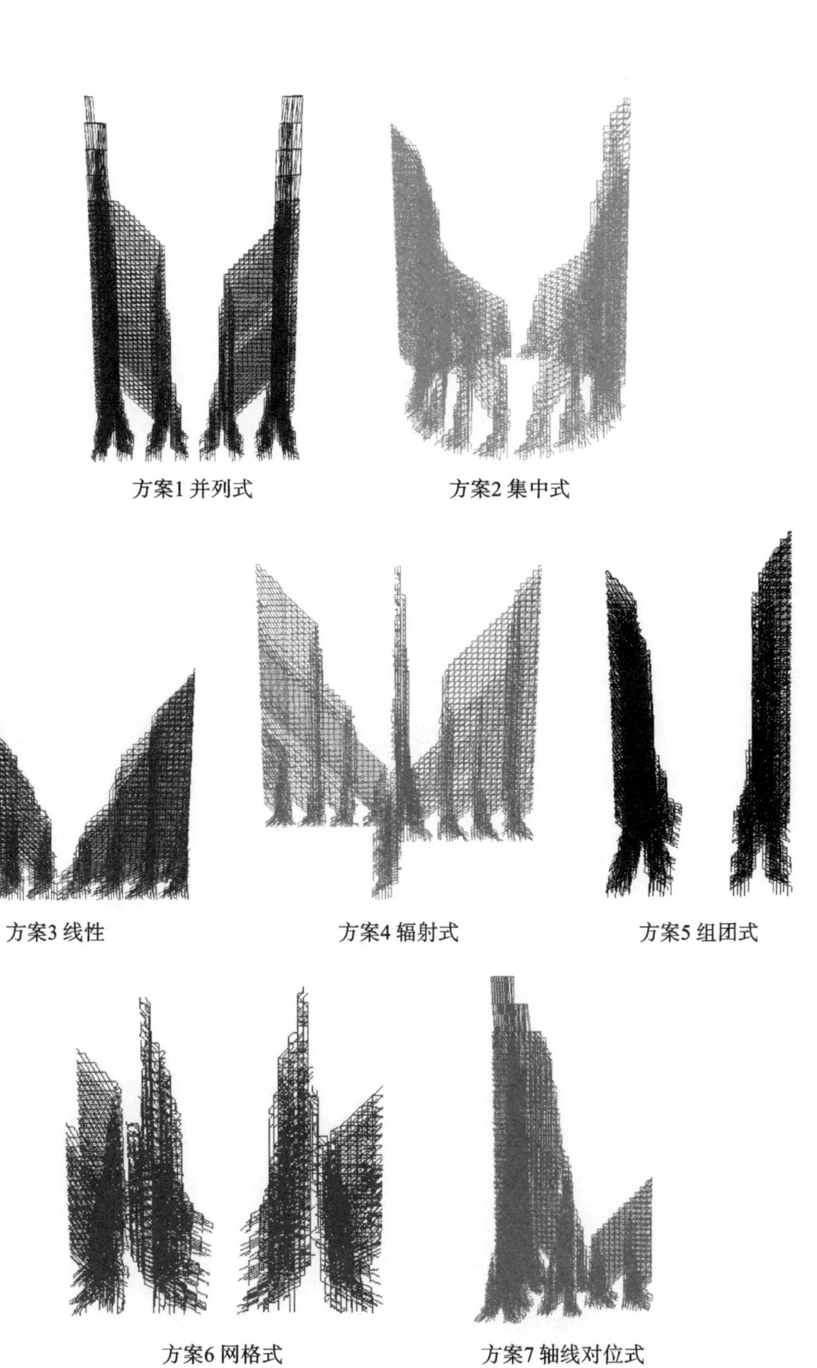

方案6 网格式　　方案7 轴线对位式

图 5-9　模拟出的所有被疏散人员时空路径

图 5-10 给出了 7 种方案模拟结果所体现的疏散曲线，也就是被疏散人数随时间的变化图。表 5-2 给出了 7 种方案的疏散模拟结果统计。从图中不难看出，不同的空间组合模式下疏散结果是不同的。方案 4(4 个出口)和方案 6(8 个出口)的疏散出口数量大于其他方案，因此疏散效率相对较高，比如方案 6 中具有 8 个出口的网格式空间组合模式具有很高的疏散效率，可以充分利用多个出口来对被疏散人员进行疏散。这就要求这些组合模式的建筑配套较多的出口通道，以及配套相关的安全设施。对于房间数量和出口数量相同的其他空间组合方案来说，依据疏散曲线，几个方案的疏散优劣排序依次为方案 3(线性)、方案 5(组团式)、方案 1(并列式)、方案 2(集中式)、方案 7(轴线对位式)。这说明在同等条件下，线性空间组合模式是疏散效率较高的一种模式，该模式下疏散时间较短，通常被公共建筑设计所采用。与其他模式相比，轴线对位式空间组合模式的两个出口很集中，但会因为房间的分布不均，导致一些被疏散人员出口选择的随机性的增加，容易造成出口的被疏散人员分布不均的现象，造成疏散的“长尾”效应，也就是一个出口已经疏散完毕，另外一个出口仍有很多人等待疏散，使得这种疏散模式下疏散时间较长。这就启发我们：在建筑设计时，针对轴线对位式空间组合模式应尽量保持房间相对出口的对等性，这样可以提高疏散效率。

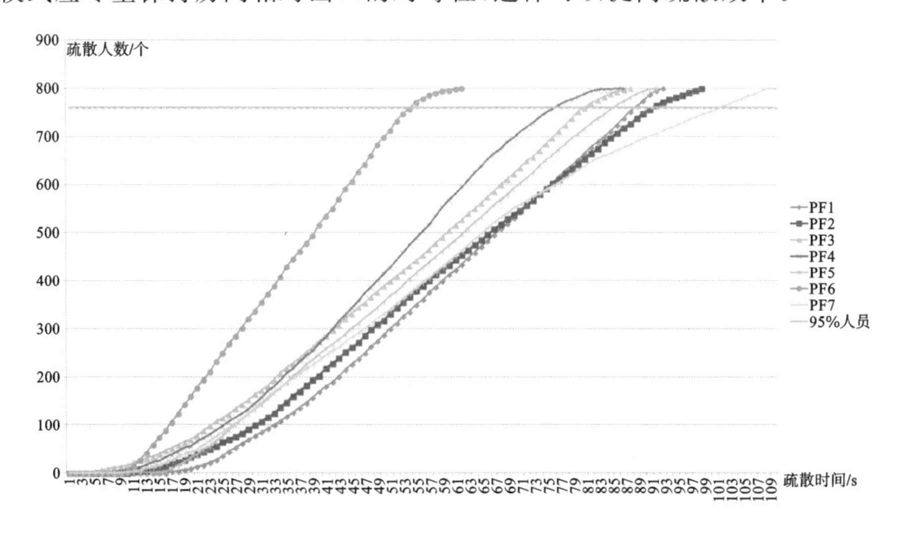

图 5-10　7 种方案中被疏散人数随时间的变化图(疏散曲线)

表 5-2 7种方案的疏散模拟结果统计

方案	组合模式	总疏散清空时间/s	95%人员的疏散清空时间/s	总疏散距离/m	95%人员总疏散距离/m	房间疏散时空利用率		通道疏散时空利用率
						最小	最大	
1	并列式	92	89	49199	48983	0.14	0.24	0.20
2	集中式	98	91	48983	39475	0.16	0.19	0.05
3	线性	87	80	32376	32246	0.11	0.20	0.46
4	辐射式	85	75	35478	32246	0.14	0.20	0.17
5	组团式	90	84	34652	32246	0.10	0.19	0.24
6	网格式	60	53	32246	28781	0.14	0.19	0.14
7	轴线对位式	108	101	41230	32246	0.10	0.19	0.28

在疏散距离方面，就图5-8的设计案例而言，方案1（并列式）、方案2（集中式）、方案7（轴线对位式）的总疏散距离相对较长，其主要原因是各房间到出口的最短距离累加值相对较大。相比较而言，方案3（线性）和方案6（网格式）的总疏散距离相对较短，方案4（辐射式）、方案5（组团式）比前两种方案的总疏散距离要稍长一点。这说明，在同等条件下，线性空间组合模式的总疏散距离占优；辐射式空间组合模式和组团式空间组合模式的总疏散距离相当；网格式空间组合模式受多出口的影响，具有较强的疏散距离优势，但是建筑设计对建筑方案防火分区的划分相对较多，防火分区与防火分区之间的防火门设计要求较高。在时空利用率方面，线性空间组合模式中的通道时空利用率最高；组团式空间组合模式和轴线对位式空间组合模式由于按照组团分级集中了被疏散人群，其通道的疏散时空利用率次之；并列式空间组合模式的通道时空利用率处于中等水平；辐射式空间组合模式和网格式空间组合模式的出口数较多，但通道的时空利用率较低；集中式空间组合模式的通道疏散时空利用率最低。集中式空间组合模式所占用的通道

空间相对较大，使得房间内的被疏散人员可以较快疏散至较大空间的通道，因此，各房间的疏散时空利用率相对较高，但是，集中式空间组合模式的通道疏散时空利用率就相对较低，很多布局的空间得不到充分利用。

本书对模拟方案中的16个房间和各出口的实际疏散时间进行了统计。表5-3给出了模拟的16个房间疏散时间统计情况。集中式组合空间模式中，大部分的房间疏散时间小于47 s，少数几个房间疏散时间相对较长，主要是因为房间出口方向受其他房间疏散出来人员的疏散拥挤干扰(图5-11)；轴线对位式也类似，有5个房间的疏散受疏散拥挤的影响，疏散时间达到74 s以上；网格式组合空间模式中各房间的疏散时间较短(小于50 s)，说明这种组合模式对房间疏散最有利；并列式空间组合模式中各房间的疏散时间相对较短，在各方案中具备较好的疏散综合优势，即疏散出口跟其他模式多数相同，而疏散效率相对较高。这说明网格式空间组合模式和并列式空间组合模式的疏散通道接纳被疏散人员的能力相对较强。

表5-3　模拟的16个房间疏散时间统计情况(单位:s)

房间排序	并列式	集中式	线性	辐射式	组团式	网格式	轴线对位式
#1	42.1	37.6	40.7	42.7	40.0	41.4	40.0
#2	43.5	40.7	44.6	42.9	40.0	41.5	42.1
#3	43.8	41.2	44.7	44.2	42.0	42.1	42.1
#4	45.2	41.6	46.0	44.3	43.8	42.7	42.1
#5	45.2	42.0	48.6	49.8	43.9	42.9	43.3
#6	46.2	42.3	49.0	50.6	44.4	43.8	44.4
#7	47.7	43.0	50.4	51.4	44.5	44.0	45.2
#8	48.6	43.1	52.6	52.0	45.6	44.1	46.6
#9	48.9	43.1	55.0	52.7	46.0	44.5	47.1
#10	49.9	43.2	56.4	54.1	46.5	45.4	47.4
#11	50.9	44.1	57.6	54.1	47.8	45.5	49.0
#12	52.6	44.2	59.7	54.1	50.6	45.9	52.5
#13	53.3	45.4	60.7	55.2	61.2	46.0	74.7
#14	53.7	46.2	65.7	55.5	62.2	47.2	77.0

续表

房间排序	并列式	集中式	线性	辐射式	组团式	网格式	轴线对位式
♯15	55.0	83.3	65.7	57.7	62.8	47.9	83.2
♯16	57.5	85.5	73.0	58.8	63.2	49.3	84.1

图 5-11　集中式空间组合模式的出口通道拥挤情形

图 5-12 显示了这些房间按升序排列的疏散时间增长情况，相比较而言，轴线对位式、集中式和组团式空间组合模式都出现了明显的增长跳跃，其他模式的增长相对较为平缓。网格式的增长幅度最小，并列式和辐射式平均趋势都高于网格式，线性空间组合模式则具有相对较大的增长幅度，主要是由于线性空间组合模式的疏散人员累加效应，靠近出口的房间受影响较大。图 5-12 所示的房间疏散时间变化趋势，反映了 7 种组合模式下房间的基本疏散时间规模情形和变化规律，为建筑设计时考虑房间的疏散时间提供变化趋势规律，方便对不同的组合模式做不同的应对措施，比如：针对集中式空间组合模式的后期增强现象，可以考虑在出口区域设置多个相邻出口，这样可以提高出口附近房间的疏散效率。

表 5-4 统计了各方案中出口所占疏散时间长度，也就是疏散结束时间

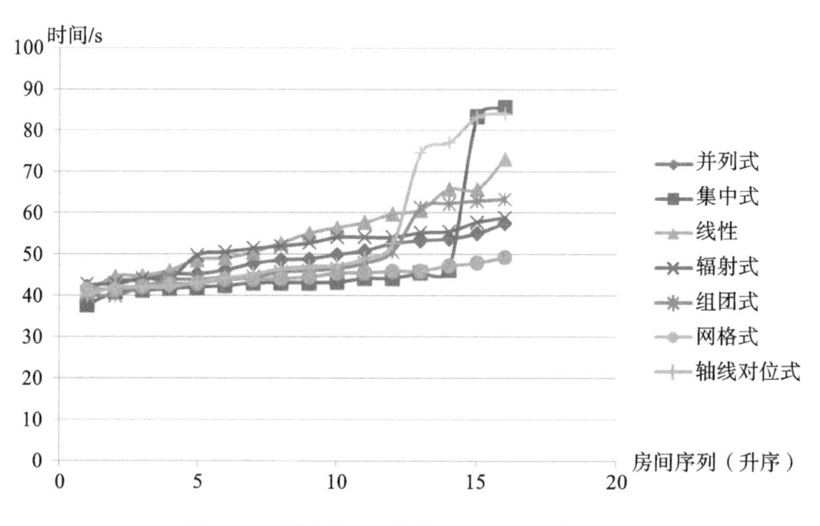

图 5-12　模拟的 16 个房间疏散时间变化图

（人员疏散完毕）与疏散开始时间（开始有人员通过相应出口）的差值，反映的是出口被利用的状况，对出口位置的疏散管理措施设计有较大帮助。从表 5-4 中可以看出，轴线对位式空间组合模式容易造成出口被利用程度的不均，而其他空间组合模式则相对比较均衡，这是因为其他空间组合模式中房间与出口位置的分布相对比较均衡，疏散路径与出口之间容易达成合理分配。而轴位对称式虽然房间与中轴线对称，但是相对于两端的出口，相同疏散距离情形下，各出口所要服务的房间数不一致，会导致拥挤现象的发生，影响疏散效率。通过这种模拟评估方法，可以很容易评估不同疏散模式的疏散效率差异，对改善空间布局有很大帮助。

表 5-4　各方案中出口所占疏散时间长度统计情况（单位：s）

出口编号	并列式	集中式	线性	辐射式	组团式	网格式	轴线对位式
＃1	76.7	88.1	83.2	74.8	76	49	94.7
＃2	74.9	82.6	74.4	72.5	73.2	48.5	72.9
＃3	—	—	—	70.6	—	48	—
＃4	—	—	—	70.3	—	46.2	—
＃5	—	—	—	—	—	44.8	—
＃6	—	—	—	—	—	44.4	—

续表

出口编号	并列式	集中式	线性	辐射式	组团式	网格式	轴线对位式
＃7	—	—	—	—	—	43.4	—
＃8	—	—	—	—	—	43	—

5.3.2 针对建筑设计方案的疏散效率贡献度实验分析

1. 简单建筑设计方案的疏散效率贡献度分析

为对比分析不同室内空间组合模式的疏散效率，本书针对某建筑艺术展览馆设计方案进行分析，这些建筑设计方案都是在相同设计指标要求下完成的，因此具有一定的可比性。该建筑艺术展览馆的设计要求如下。

(1) 建筑面积控制在 3000 m^2(±5%)，层数控制在 3 层及以下。

(2) 陈列部分：基本陈列室 8 间，每间 100 m^2；专题陈列室 4 间，每间 100 m^2；陈列临时贮藏室 200 m^2；接待室 40 m^2。

(3) 藏品库部分：藏品库房 200 m^2；工具藏品库房 3 间，每间 20 m^2。

(4) 技术和办公用房部分：摄影室 5 间，每间 20 m^2；制作室 5 间，每间 60 m^2；管理办公室 5 间，每间 80 m^2；报告厅 200 m^2；配电房 20 m^2。

(5) 其他部分：售品部 20 m^2；值班室 10 m^2。

(6) 建设艺术展览馆建设用地情况如图 5-13 所示。

结合该设计要求，本书收集了十余份建筑设计方案作品，并结合空间组合模式分类，挑选出 7 份设计方案作品进行对比，其中涉及的空间组合模式有线性(2 份)、集中式(2 份)、辐射式(1 份)、网格式(1 份)、组团式(1 份)。这些设计作品具有的特点是与建筑设计总要求一致，设计作品中的空间组合模式相对单一，没有过多复杂的空间组合模式。由于收集到的方案中层与层之间的空间差异不大，本书着重分析这些方案平面结构图中的组合模式来分析其疏散效率与影响，在这些建筑设计作品的平面图中统一放置

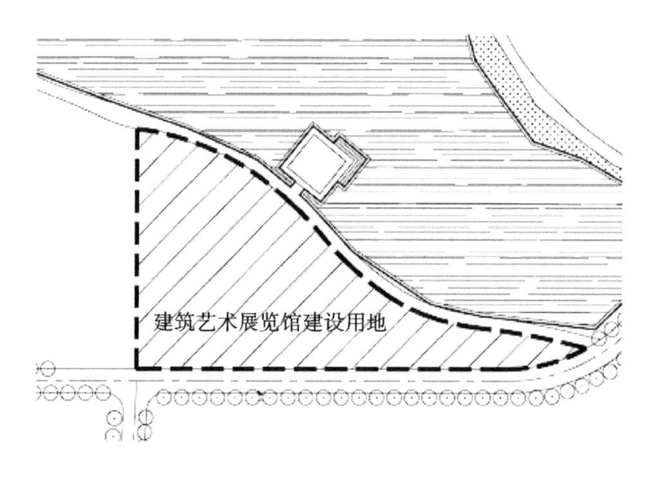

图 5-13　建设艺术展览馆建设用地情况图

325 个人，然后在本书的实验软件平台中进行模拟运算，得出时空路径并统计结果。

图 5-14～图 5-20 为本书实验分析用到的建筑设计方案一到方案七效果图、平面图以及建筑空间的组合层次结构图（来自武汉科技大学建艺 1001 班同学作品）。方案二和方案六的层次结构图相对比较复杂，其他方案的层次结构图相对比较简单。

图 5-14 所示建筑设计方案为线性空间组合模式，房间围绕线性的走道布设，其中 p3 是主要的通道，p1 和 p2 线性连接，p3 与 p2 也直接连接。p2 和 p3 为第一层次，p1 为第二层次。

图 5-15 所示建筑设计方案也为线性空间组合模式，在层次结构图中 p1 至 p5 都与出口相连，因此，都同为一个层次。

图 5-16 所示建筑设计方案为集中式空间组合模式，在层次结构图中 p1 至 p3 都与出口相连，都同为一个层次。

图 5-17 所示建筑设计方案为集中式空间组合模式，在层次结构图中 p1、p2 与出口相连，都同为一个层次，而 p3 只与 p2 相连，p3 为第二层次。

图 5-18 所示建筑设计方案也为放射式空间组合模式，在层次结构图中 p2 和 p3 与出口相连，都同为一个层次，而 p1 只与 p2 相连，p1 为第二层次。

图 5-19 所示建筑设计方案也为网格式空间组合模式，在层次结构图中

(a) 效果图

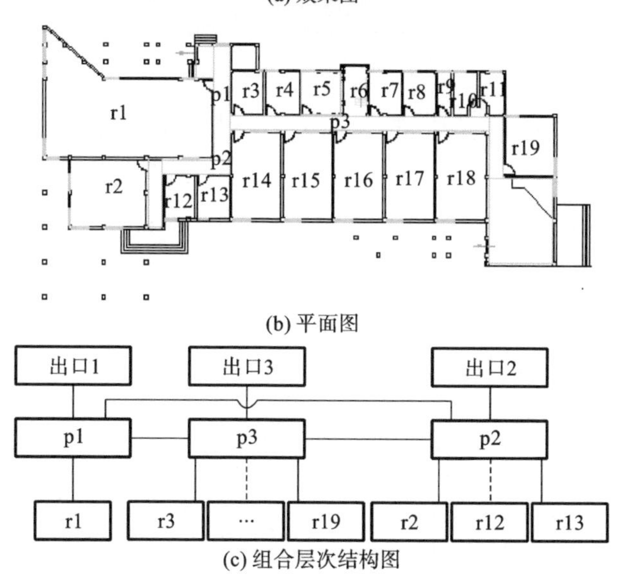

(b) 平面图

(c) 组合层次结构图

图 5-14　建筑设计方案一(线性空间组合模式)

p2、p3 和 p5 与出口相连,都同为第一个层次。p4 只与 p3 相连,p4 为第二层次,p1 和 p6 也为第二层次。p7 与第二层次的通道相连,p7 为第三层次。

图 5-20 所示建筑设计方案也为组团式空间组合模式,在层次结构图中 p1、p3 与出口相连,都同为第一个层次。p2 与 p3 相连,p2 为第二层次,组团间的空间也相对独立。

图 5-21 是 7 份建筑设计方案的疏散曲线图。可以看出,疏散效率的对比结果:方案三>方案七>方案一>方案四>方案二>方案六>方案五。

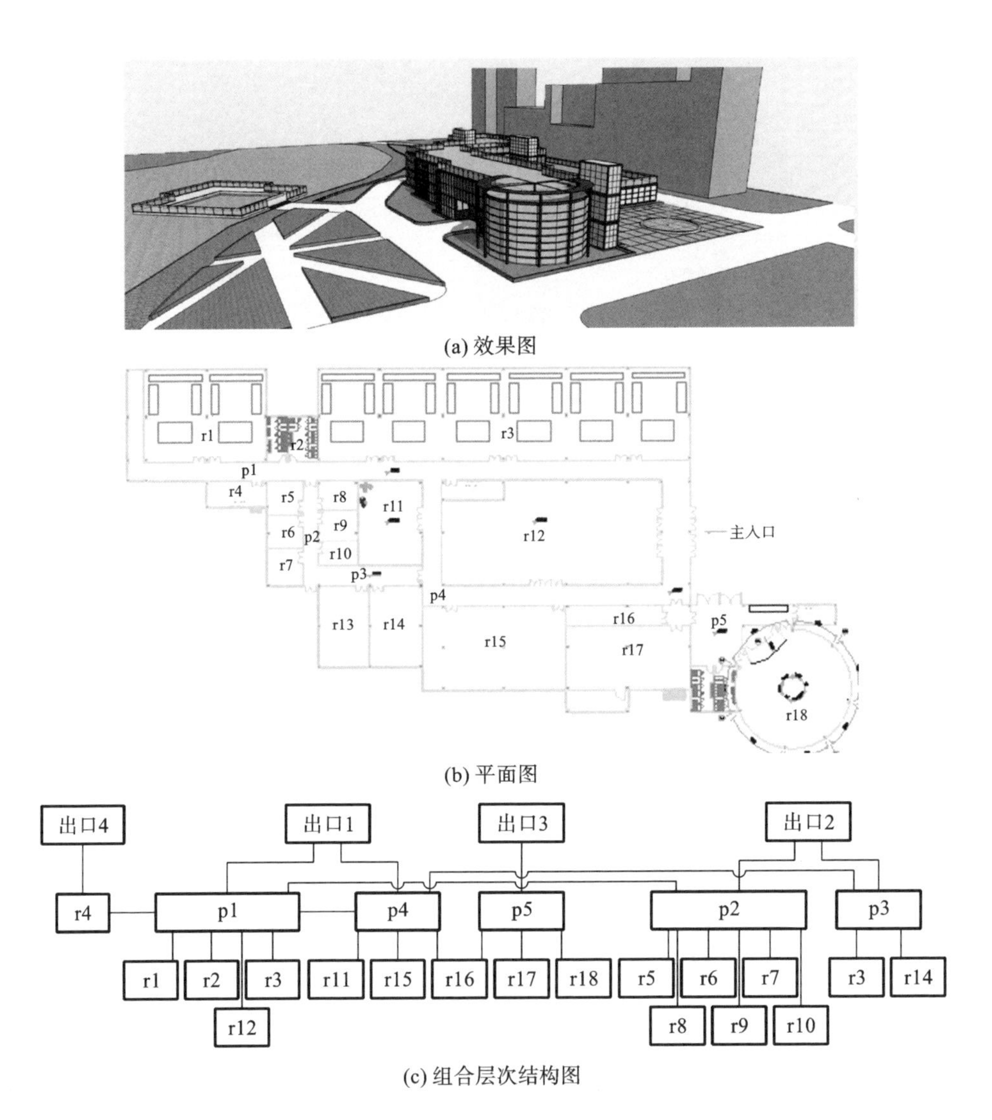

(a) 效果图

(b) 平面图

(c) 组合层次结构图

图 5-15　建筑设计方案二(线性空间组合模式)

方案三和方案七具有明显的优势,一直处于高效率状态,但是在前 30 s 其疏散效率不如方案二;方案五和方案六则处于劣势,效率不太高;方案二在前 30 s 都处于高疏散效率的状态,随后疏散效率则有所放缓;方案四在前 52 s 的疏散效率都不高,52 s 之后则效率提升较快;方案五一直处于疏散效率不高的状态;方案四和方案六在 52 s 前后疏散效率互有领先的时段,但整体上大致相当。

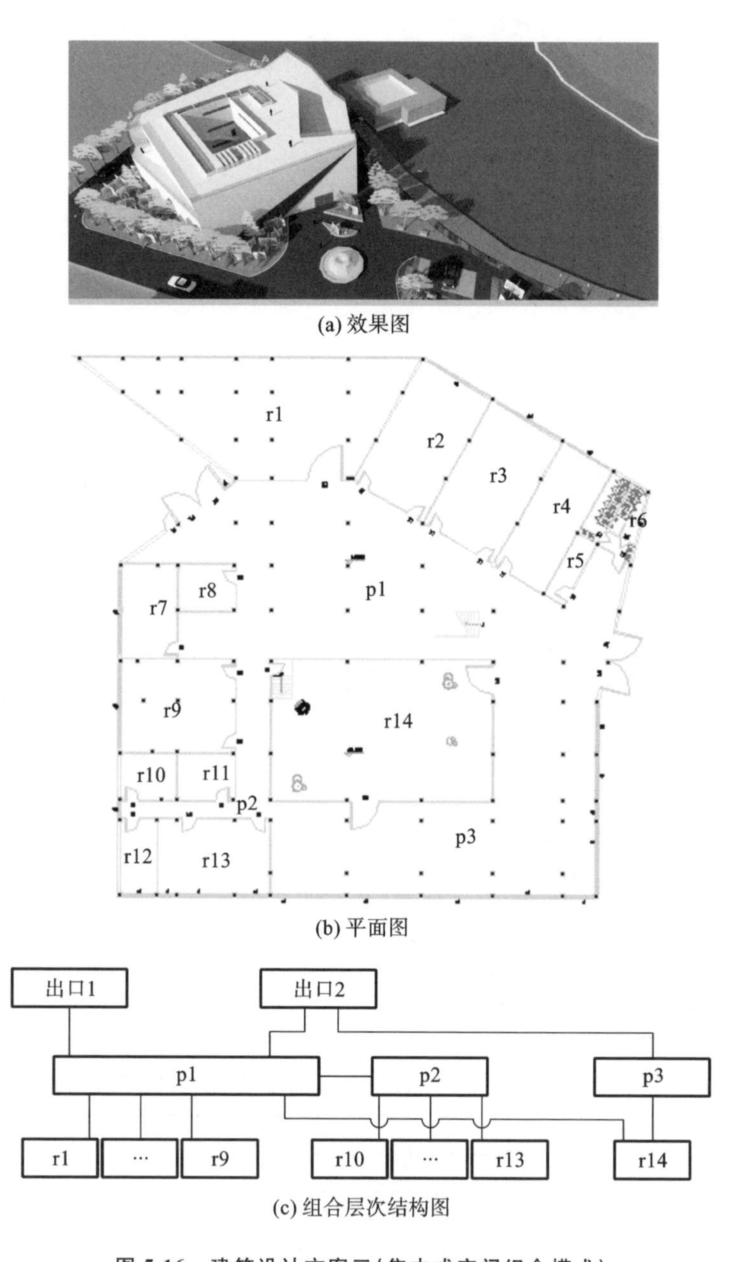

(a) 效果图

(b) 平面图

(c) 组合层次结构图

图 5-16 建筑设计方案三(集中式空间组合模式)

(a) 效果图

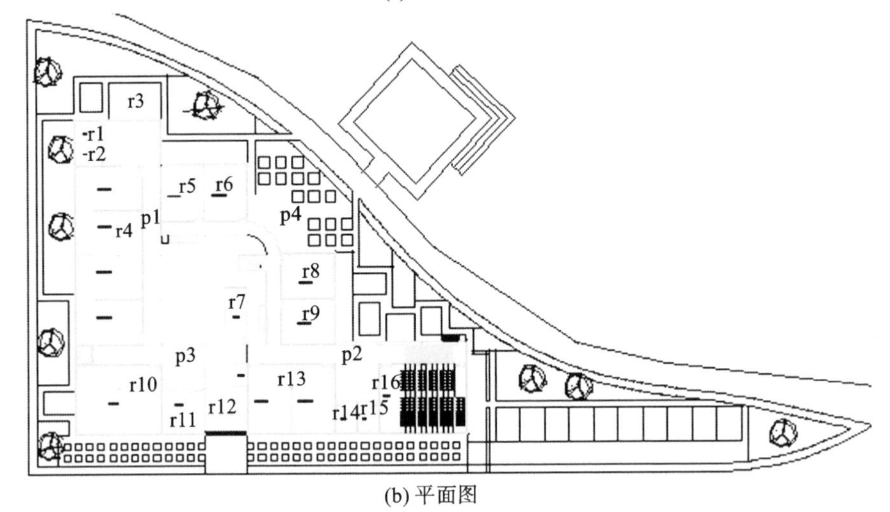

(b) 平面图

出口1

p4

p1: r1 … r7

p2: r8, r9, r13, r14, r15, r16

p3: r10, r11, r12

(c) 组合层次结构图

图 5-17　建筑设计方案四(集中式空间组合模式)

(a) 效果图

(b) 平面图

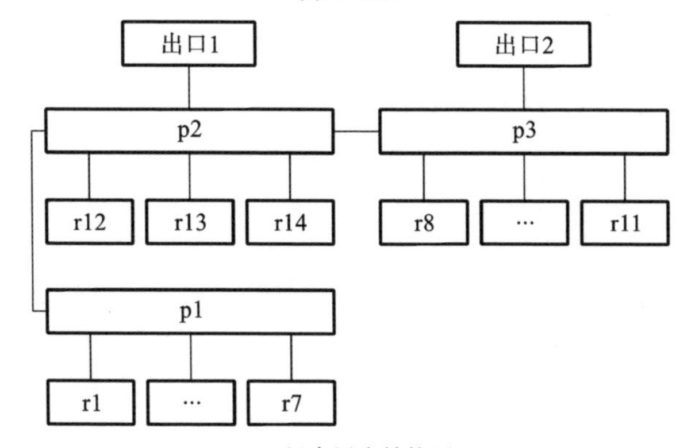

(c) 组合层次结构图

图 5-18 建筑设计方案五(放射式空间组合模式)

(a) 效果图

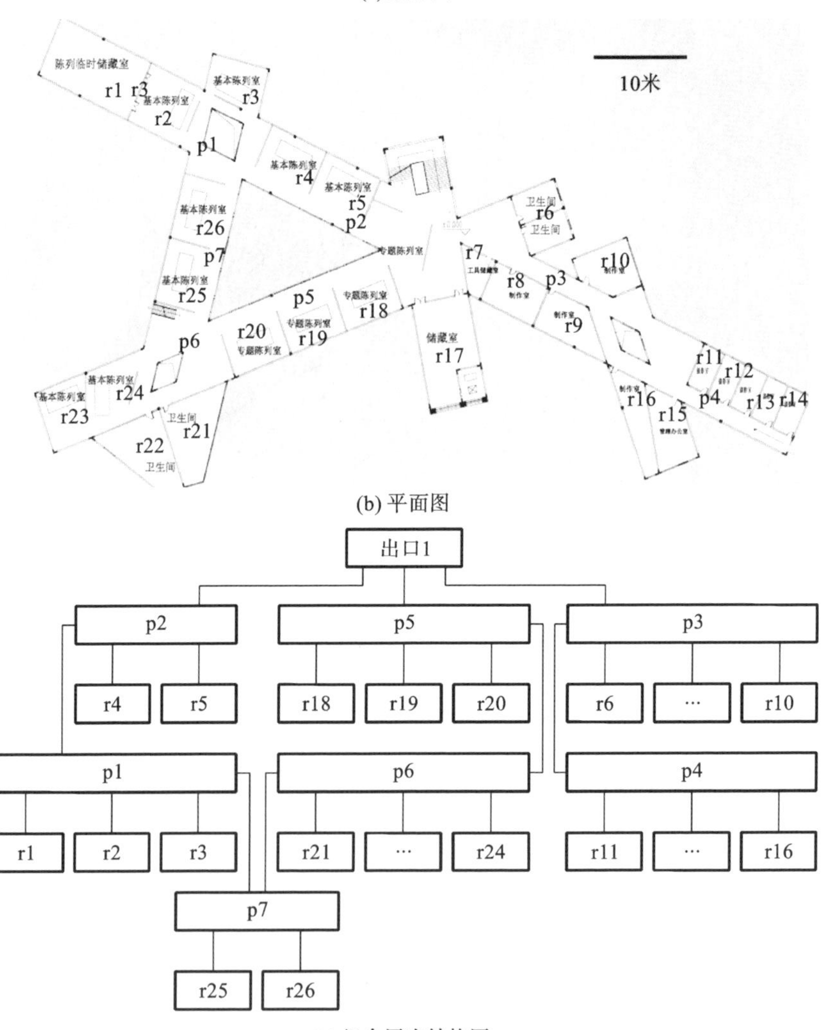

(b) 平面图

(c) 组合层次结构图

图 5-19 建筑设计方案六(网格式空间组合模式)

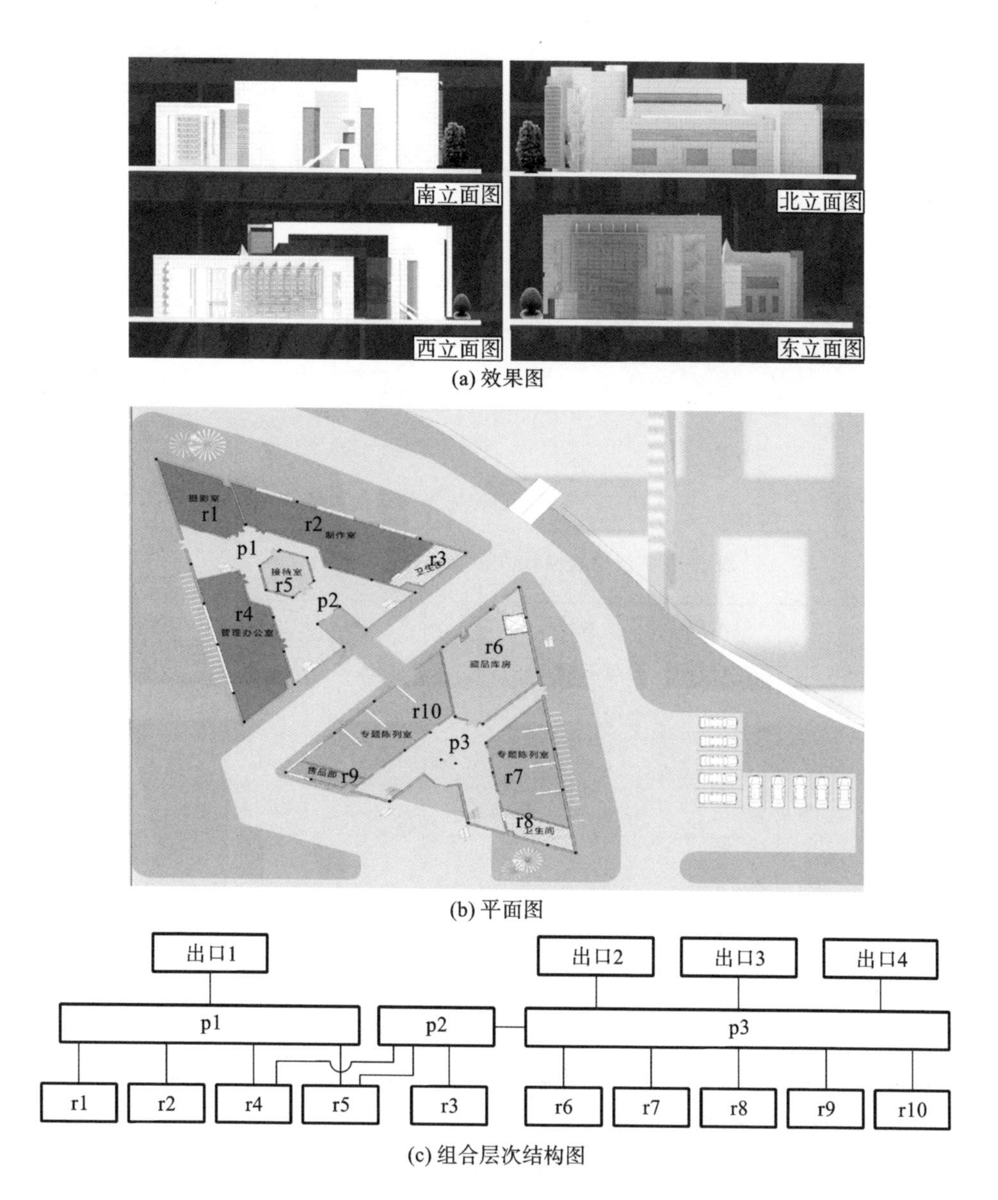

(a) 效果图

(b) 平面图

(c) 组合层次结构图

图 5-20　建筑设计方案七(组团式空间组合模式)

表 5-5 列出了实验中 7 份建筑设计方案的疏散信息统计情况。方案一和方案二同为线性空间组合模式,虽然方案一只设置了 3 个出口,而方案二设置了 5 个出口,但是二者的疏散时间、疏散距离和时空利用率都存在较大的差异,其房间的疏散时空利用率相差较大,如方案一最大能够达到0.57,

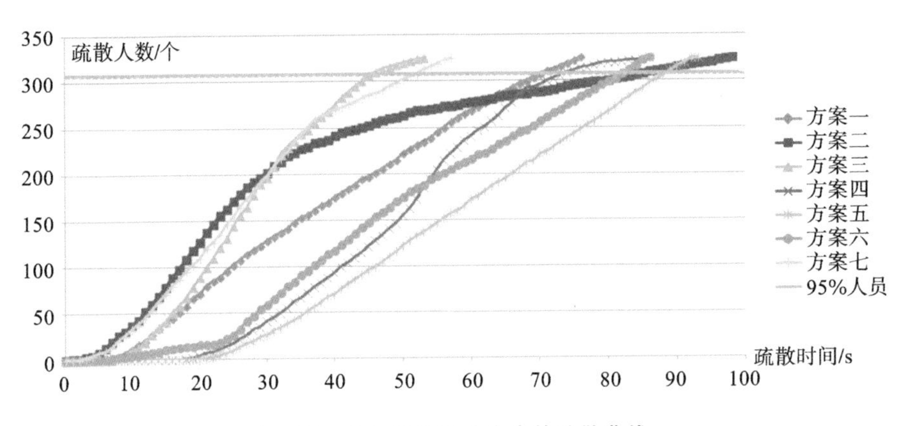

图 5-21　7 份建筑设计方案的疏散曲线

表 5-5　7 份建筑设计方案的疏散信息统计情况

方案编号	组合模式	总疏散清空时间/s	95%人员的疏散清空时间/s	总疏散距离/m	95%人员总疏散距离/m	房间 I_{UE}		通道 I_{UE}
						最小	最大	
一	线性	75	69	14133.5	13997.5	0.13	0.57	0.28
二	线性	96.7	85	16457.5	16443.5	0.09	0.14	0.08
三	集中	52.4	45	12072	11457	0.07	0.56	0.25
四	集中	85.8	74	16268.5	16211.5	0.04	0.12	0.04
五	辐射	91.8	88	16175.5	15457	0.02	0.09	0.04
六	网格	85.5	82	16570	16518.5	0.05	0.10	0.22
七	组团式	56.7	52	16418.5	16110	0.07	0.21	0.14

注：I_{UE}为疏散时空利用率。

而方案二最大仅能达到 0.14；二者的通道的疏散时空利用率也相差甚远，方案一能达到 0.28，而方案二只能达到 0.08。其主要原因是方案一通道两边房屋的空间布局方法使得被疏散人员疏散目标明确，可以充分利用线性的通道，而方案二则因被疏散人员在多个出口之间的概率选择导致出口的疏散不均。这说明在建筑设计中简单地增加出口数量，不一定能够大幅提高疏散效率，仍需要综合考虑空间组合模式的布局，才能提高疏散效率。

方案三和方案四同为集中式空间组合模式。相比较而言，方案三的集中式布局比较简洁，各房间与疏散出口之间存在直接的连接关系，而且通道较宽，对被疏散人员的接纳能力也较强；方案四则存在一些单向出口的通道，虽然都是疏散往集散空间，但增加了集散空间到安全出口之间的后续疏散压力。方案三与方案四相比，从房间到疏散集散中心少了一些空间阻隔，这些空间阻隔会导致在疏散过程中无形增加总的疏散距离，从而影响疏散效率。这说明集中式空间组合模式的建筑设计需要注意通往集散中心空间的布局，集散中心与通道之间的连接布局关系会直接影响疏散效率，通畅的闭合空间形式(如方案三)具有相对较高的疏散效率。

方案五为辐射式空间组合模式，其主中心的布局类似集中式，但是辐射出去的通道分支距离相对较远，分支通道周边的房间内人员都需要完整通过这个辐射出去的通道分支，导致总疏散距离较长，一定程度上抵消了集中式空间组合模式的短疏散距离优势。该方案疏散时空利用率(0.02～0.09)较低，其主要原因是房间和通道的空间面积较大，被利用的空间相对较少，说明该设计方案中的空间在疏散方面没有得到有效利用，存在较大浪费(但是从使用功能上来讲，人员所占空间较为开阔，比较舒适)。

方案六为网格式空间组合模式，与5.3.1节中网格式空间布局不同，此方案只有一个疏散出口，但其内部空间通过网格方式连接。方案六的疏散时间比方案二、方案四、方案五要短一些，约为方案二疏散时间的88%。该方案的疏散距离最长，这是因为各通道都必须连接到最后的出口，通道网络总距离较长，好在通道内部都是线性连接，能够维持基本的疏散效率。方案六的房间疏散时空利用率(0.05～0.10)较低，而通道的疏散时空利率较高，能够达到0.22的水平。

方案七为组团式空间组合模式，单独的组团内部为集中式空间组合模式，其疏散效率与方案三总体相当，总疏散距离比方案三多36%。在疏散时空利用率方面，方案七虽然不如方案三高，但是总的疏散时间则相差不到5 s。这说明集中式空间组合模式在此方案设计中发挥了重要的作用。

通过以上实验分析，可以说明建筑方案的疏散效率与空间组合模式有较大的关系，受空间组合方式影响也较大。

下面分析各方案中组合模式对疏散效率的贡献情况。

图 5-22 是 7 份建筑设计方案的疏散个体时空路线集合图。把这些时

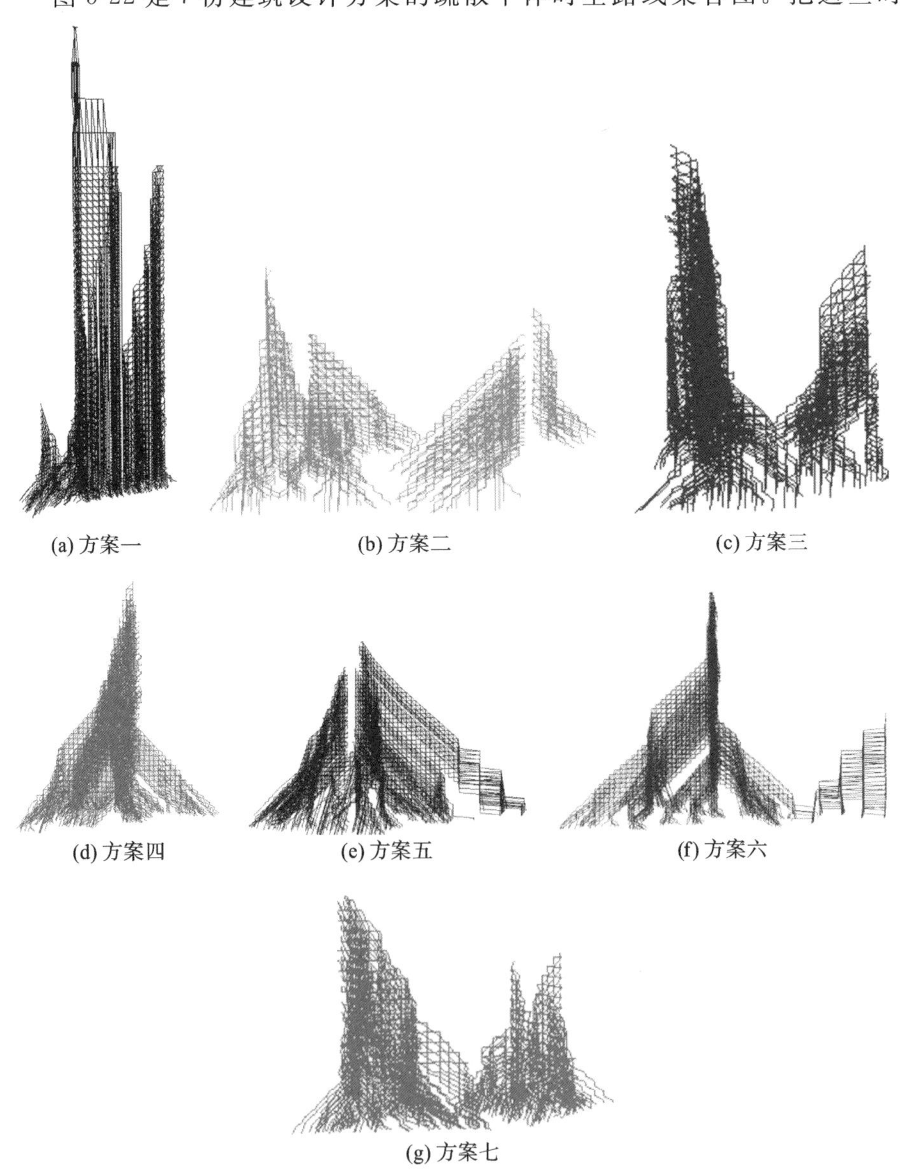

图 5-22　7 份建筑设计方案的疏散个体时空路线集合

空轨迹与对应建筑设计方案的空间组合层次结构图(图 5-20)进行映射,并依据式(4.8)至式(4.10)求解各单元和空间组合方式对疏散效率的贡献度,得到如表 5-6 所示的结果。

表 5-6 7 份方案中各空间对象的疏散效率贡献度

方案一		方案二		方案三		方案四	
空间对象	疏散效率贡献度	空间对象	疏散效率贡献度	空间对象	疏散效率贡献度	空间对象	疏散效率贡献度
房间							
r1	0.868558	r1	2.023256	r1	2.666667	r1	1.304348
r2	1.219512	r2	1.264933	r2	1.708185	r2	1.385681
r3	0.515625	r3	3.939593	r3	1.72043	r3	1.5625
r4	0.55814	r4	1.44664	r4	1.686578	r4	3.157895
r5	0.488069	r5	1.25523	r5	1.699717	r5	1.365188
r6	0.62069	r6	0.248705	r6	2.085747	r6	1.081081
r7	0.488177	r7	0.203879	r7	1.411765	r7	1.128881
r8	0.544892	r8	1.470588	r8	0.527038	r8	1.011378
r9	0.4372	r9	0.223394	r9	1.466993	r9	1.039861
r10	0.365505	r10	0.155014	r10	1.066351	r10	2.242991
r11	1.690141	r11	1.604863	r11	0.832972	r11	1.476015
r12	0.954447	r12	2.016807	r12	0.851869	r12	0.375
r13	1.494396	r13	0.656592	r13	1.257862	r13	3.339518
r14	0.578815	r14	1.093168	r14	4.460967	r14	0.1264
r15	0.543232	r15	3.108808			r15	0.1237
r16	0.84063	r16	1.783944			r16	1.930295
r17	0.593926	r17	1.718377				
r18	0.506887	r18	2.980132				
r19	0.467906						
通道							
p1	2.619718	p1	4.09322	p1	7.517348	p1	3.953488
p2	3.178082	p2	1.511713	p2	3.383686	p2	1.834862

续表

方案一		方案二		方案三		方案四	
空间对象	疏散效率贡献度	空间对象	疏散效率贡献度	空间对象	疏散效率贡献度	空间对象	疏散效率贡献度
p3	3.748505	p3	0.748469	p3	0.313043	p3	4.592504
		p4	1.559074			p4	5.87792
		p5	2.914508				

方案五		方案六		方案七	
空间对象	疏散效率贡献度	空间对象	疏散效率贡献度	空间对象	疏散效率贡献度
房间					
r1	1.73913	r1	1.318681	r1	1.18283
r2	1.407349	r2	0.75	r2	2.917933
r3	1.490683	r3	1.354839	r3	1.153846
r4	1.444043	r4	1.324921	r4	2.414487
r5	1.607143	r5	1.193182	r5	0.1255
r6	1.612181	r6	1.127517	r6	1.350844
r7	1.83908	r7	1.142857	r7	2.144772
r8	1.165803	r8	1.344	r8	1.552393
r9	1.374046	r9	0.910076	r9	0.1214
r10	1.435407	r10	1.258427	r10	2.014268
r11	1.702128	r11	0.786885		
r12	0.1219	r12	0.923077		
r13	0.742574	r13	0.932039		
r14	0.1232	r14	0.84507		
		r15	1.232575		
		r16	0.975044		
		r17	1.381958		
		r18	1.191489		
		r19	1.289332		
		r20	1.033846		

续表

方案五		方案六		方案七	
空间对象	疏散效率贡献度	空间对象	疏散效率贡献度	空间对象	疏散效率贡献度
		r21	1.28		
		r22	1.19403		
		r23	1.476274		
		r24	0.733496		
		r25	1.223598		
		r26	1.20603		
通道					
p1	5.856515	p1	2.045939	p1	3.492063
p2	4.362416	p2	3.946995	p2	2.421796
p3	1.720567	p3	1.630058	p3	5.182186
		p4	1.19949		
		p5	1.811668		
		p6	1.054283		
		p7	2.045939		

在得到这些疏散效率贡献度的基础上，本书分析了方案一到方案七中组合模式对建筑设计方案中疏散效率的贡献度值及其比例关系。

(1) 建筑设计方案一：该方案由3个主要部分组成，即p1及其周边房间、p2及其周边房间以及p3及其周边房间。三个区域均为线性空间组合模式，其疏散效率贡献度总和及其比值分别为3.488277(14.95%)、3.668355(29.35%)、12.98834(55.70%)。

(2) 建筑设计方案二：该方案由5个部分组成，分别是p1～p5及其周边的房间，均为线性空间组合模式，其疏散效率贡献总和及其比值分别为12.76764(37.31%)、5.068523(14.81%)、2.498229(7.30%)、6.272746(18.33%)、7.613017(22.25%)。

(3) 建筑设计方案三：该方案由2种空间组合组成，p1和p3及其周边的房间组成了集中式空间，p2 及其周边的房间为线性空间，p1、p2、p3 区域的疏散效率贡献度分别为 21.02347（60.66%）、8.859732（25.56%）、4.77401（13.77%），那么集中式空间的疏散贡献度总和及其比值分别为 25.79748（=21.02347+4.77401）和74.44%；该方案中的线性空间的疏散效率贡献度及其比例为 8.859732 和 25.56%。

（4）建筑设计方案四：该方案由 2 种空间组合组成，p1 及其周边的房间为集中式空间，p2、p3、p4 及其周边的房间都为线性空间。p1、p2、p3、p4 区域的疏散效率贡献度分别为 14.93906（38.64%）、8.68651（22.47%）、9.155914（23.68%）、5.87792（15.20%）。集中式组合空间的疏散效率贡献度及其比例为 14.93906 和 38.64%；线性空间的疏散效率贡献度及其比例为 23.720344（=8.68651+9.155914+5.87792）和 61.36%。

（5）建筑设计方案五：该方案由 2 种空间组合组成，即辐射式空间组合和线性空间组合。p1、p2 及两者周边的房间合起来为辐射式空间组合；p3 及其周边的房间合起来为线性空间组合。p1、p2、p3 区域的疏散效率贡献度分别为 16.99613（57.62%）、5.10499（17.31%）、7.39795（25.08%）。辐射式空间的疏散效率贡献度及其比例为 22.10112（=16.99613+5.10499）和 74.92%；线性空间组合模式的疏散效率贡献度及其比例为 7.39795 和 25.08%。

（6）建筑设计方案六：该方案由 7 个部分的空间组成，即 p1～p7 及其各自周边的房间。p1、p6 及其各自周边的房间构成集中性空间组合；p2、p3、p4、p5 和 p7 及其周边的房间构成了各自的线性空间组合。p1～p7 区域的疏散效率贡献度及其比例分别为 5.503194（13.27%）、4.580155（11.04%）、7.412935（17.87%）、6.89418（16.62%）、6.936172（16.72%）、6.495469（15.66%）、3.655011（8.81%）。集中性空间组合模式的疏散效率贡献度总和及其比例为 11.99866 和 28.93%；线性空间组合模式的疏散效率贡献度总和及其比例为 29.47845 和 71.07%。

（7）建筑设计方案七：该建筑设计方案由两个集中式空间组合组成组团式空间模式。p1、p2 组成一个集中式空间组合，p3 为另外一个集中式组合。p1、p2、p3 区域的疏散效率贡献度及其比例分别为 10.12731（38.50%）、

3.815642(14.50％)、12.36446(47.00％)。p1 和 p2 组成一个集中式空间组合模式的疏散效率贡献度及其比例为 13.94296 和 53％；p3 组成的另外一个集中式组合模式的疏散效率贡献度及其比例为 12.36446 和 47％。

通过以上 7 份建筑设计方案的对比分析，可以深入了解建筑方案内部的组合模式构成关系及其对疏散贡献度的比例关系(图 5-23)，可直观得出该方案中对疏散起主要作用和次要作用的空间组合模式及其宏观上的空间布局关系，对建筑设计方案中疏散效率的继续优化起到一定的指导作用。

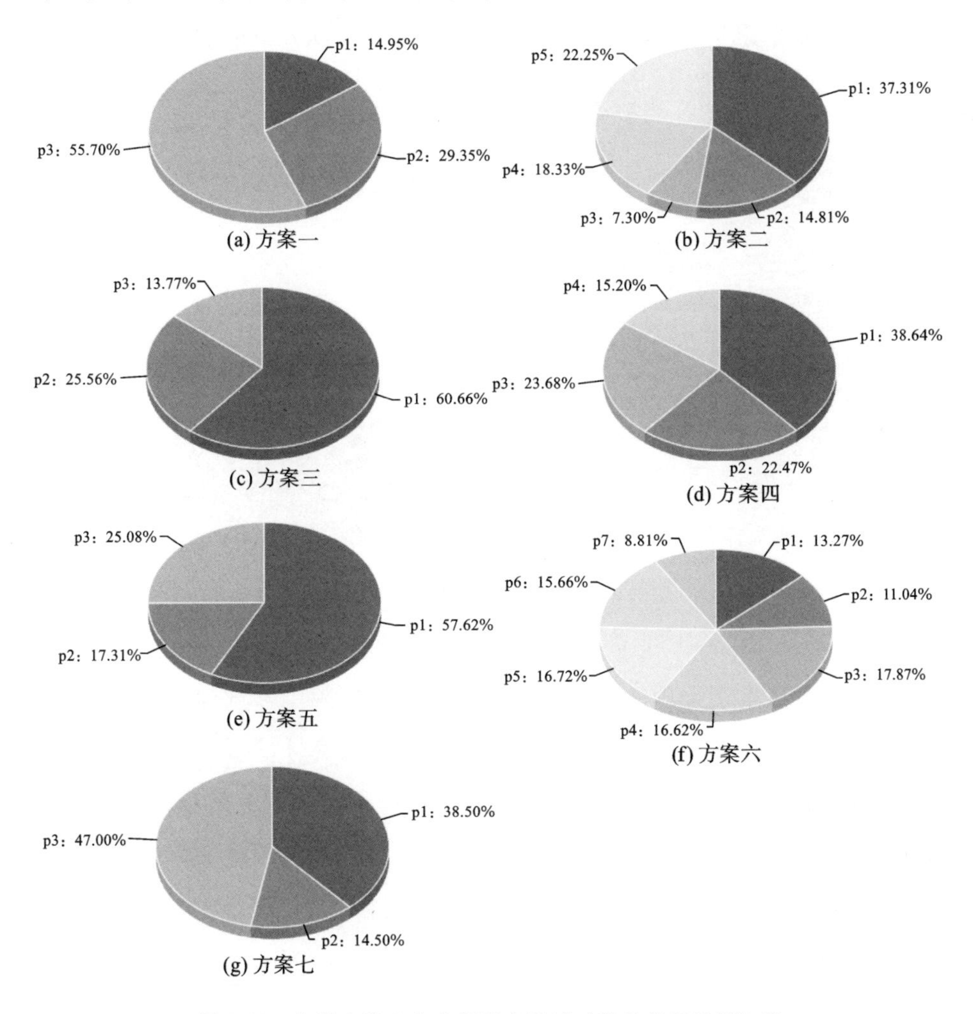

图 5-23　七种方案中各空间组合区域对疏散效率贡献比例

2. 国际竞标大型建筑设计作品疏散效率贡献主路径及其均衡指标分析

本书继续针对一个国际竞标大型建筑设计作品开展研究，分析这些作品中的空间组合模式对疏散效率贡献的主路径及组合模式的均衡指标状况，对这些作品的疏散性能特征做出评价分析。

这个国际竞标大型建筑设计作品是深圳市孙逸仙心血管医院国际竞标方案，该方案的设计理念是“纽带”，以“心之纽带，医之纽带”为主题，使医院众多部门既相互独立又相互关联。图 5-24 是该设计方案的效果图。

图 5-24　深圳市孙逸仙心血管医院国际竞标方案效果图

（图片来源：深圳市博远空间文化发展有限公司，2012）

图 5-25 是本书绘制的深圳市孙逸仙心血管医院国际竞标方案的第 1～3 层的平面图，该平面图中标注了各房间、通道的编号，层与层之间的疏散楼梯部分直接在本书所开发的模拟软件平台中进行设置。从该平面图中可以看出，各部分的功能分区基本上采用了线性空间组合模式、并列式空间组合模式、集中式空间组合模式、辐射式空间组合模式以及宏观层次上的组团式空间组合模式等。

图 5-26 为软件模拟出来的深圳市孙逸仙心血管医院国际竞标方案的疏散曲线图，这里不再做具体的房间和通道的疏散效率分析。

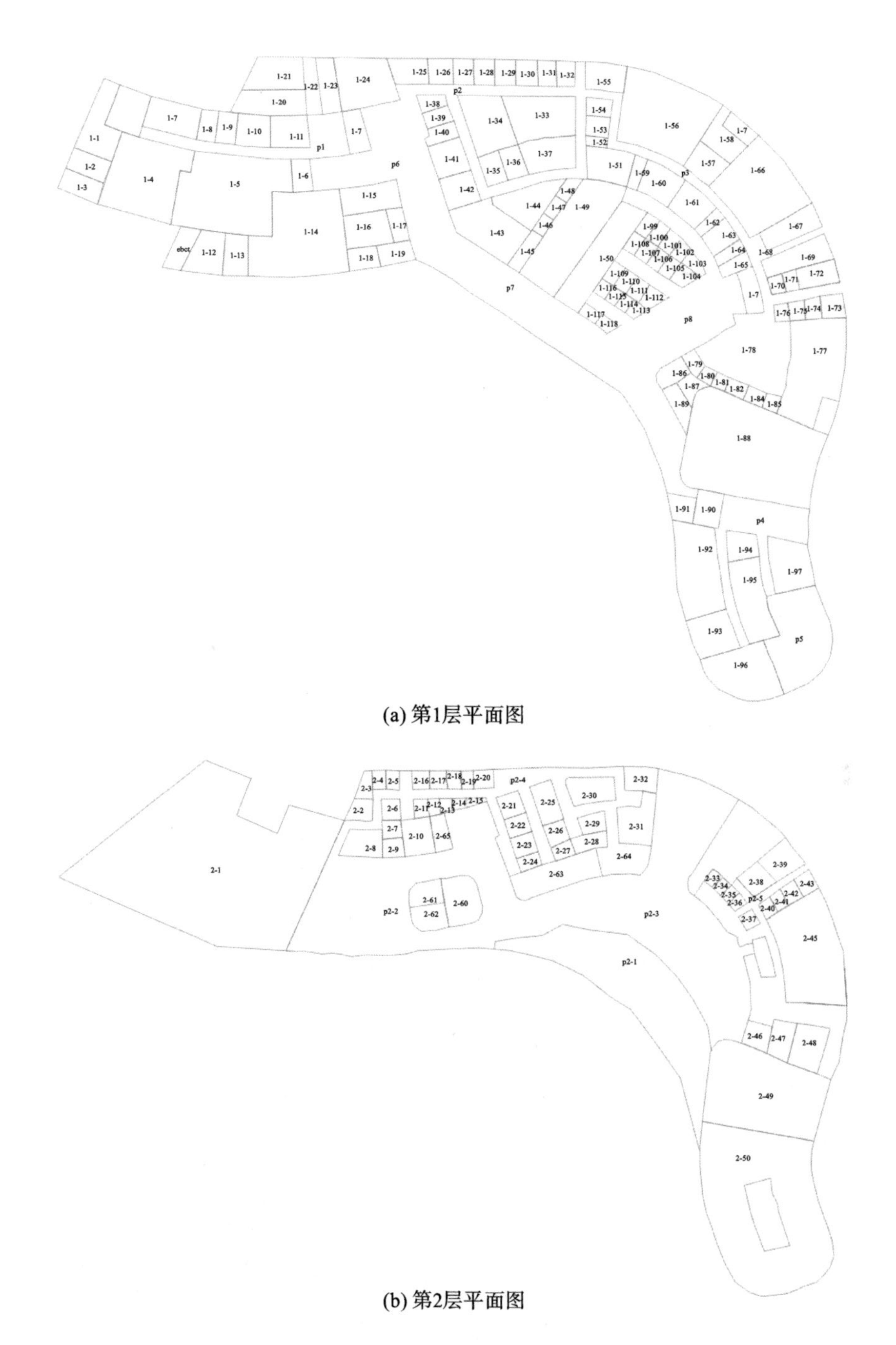

(a) 第1层平面图

(b) 第2层平面图

图 5-25　深圳市孙逸仙心血管医院国际竞标方案平面图

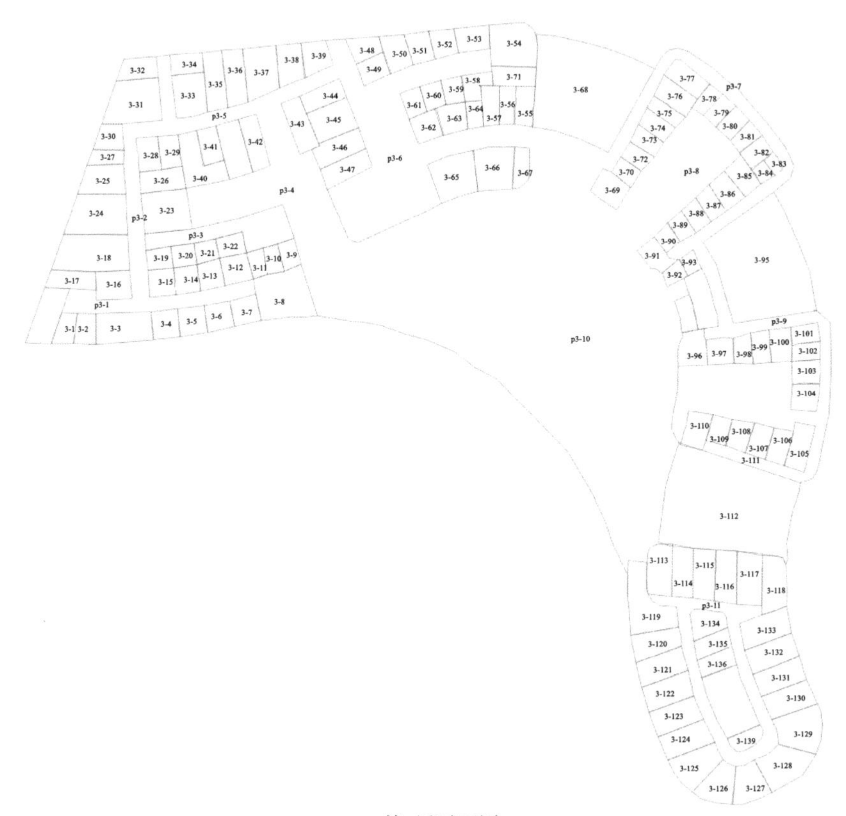

(c) 第3层平面图

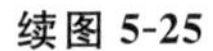

续图 5-25

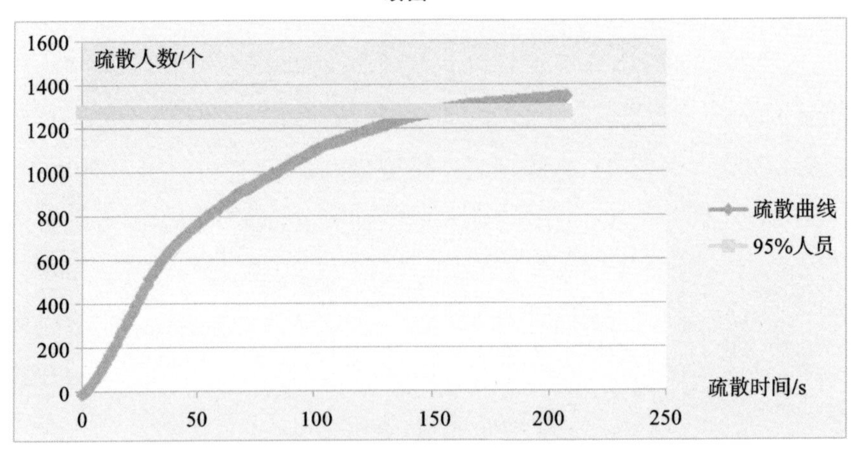

图 5-26　深圳市孙逸仙心血管医院国际竞标方案的疏散曲线图

图 5-27(a)为深圳市孙逸仙心血管医院国际竞标方案的第 1～3 层的空间组合层次结构图，该空间组合层次结构图可以清晰展示各房间与楼梯、通道、出口之间的层次关系。层与层之间通过楼梯通道进行连接，其中第 1 层和第 2 层通过 7 个楼梯通道连接；第 2 层与第 3 层通过 6 个楼梯通道进行连接。第 1 层共有 16 个出口，通道 p1～p7 对应的是主要出口，其他通道对应的是次要出口。

图 5-27(b)是根据软件模拟出的结果绘制的疏散效率主路径图，其中方框外的数字表示层次之间疏散效率贡献累加值，加粗的路线即是该层次结构图的疏散效率主路径。这种疏散效率主路径图的表达方式，可以直观表示整个设计方案中对疏散效率起到重要贡献作用的路径，方便依据主路径对公共建筑疏散方案进行科学设计与疏导管理，保障公共建筑的疏散效率，对疏散管理与疏导起到重要的作用。该方法也可以推广到其他类型的建筑设计或者城市空间的疏散效率评估与分析中。

针对该设计方案中的组合模式，表 5-7 列出了深圳市孙逸仙心血管医院国际竞标方案中空间组合模式的疏散效率贡献度统计数据。表中的数字差异说明：这些空间组合模式对具体建筑设计方案的疏散效率贡献度、均衡指数等存在较大的差异。表中的线性空间组合模式主要用于连接各个分散的房间，是一种基础的空间组合模式，其疏散效率贡献度随着空间范围的变化而变化，比如该方案的疏散效率贡献度值为 2.275508～29.20505，最大值为最小值的近 13 倍。该空间组合模式对疏散效率贡献度也较不稳定，比如其 Theil 指数为 0.207，是统计表中该指数最大的，但方差为 8.9，也较大，说明线性空间组合模式在设计中是较易变化的一种组合模式。该方案中其他几种空间组合模式的 Theil 指数值范围为 0.021～0.08，说明这几种空间组合模式的疏散效率贡献度在该设计方案中相对比较稳定。从宏观层次上来看，辐射式空间组合模式和组团式空间组合模式集中了多个房间和走道空间，其空间布局有一定联系，但也相对独立，其均衡程度也相当。

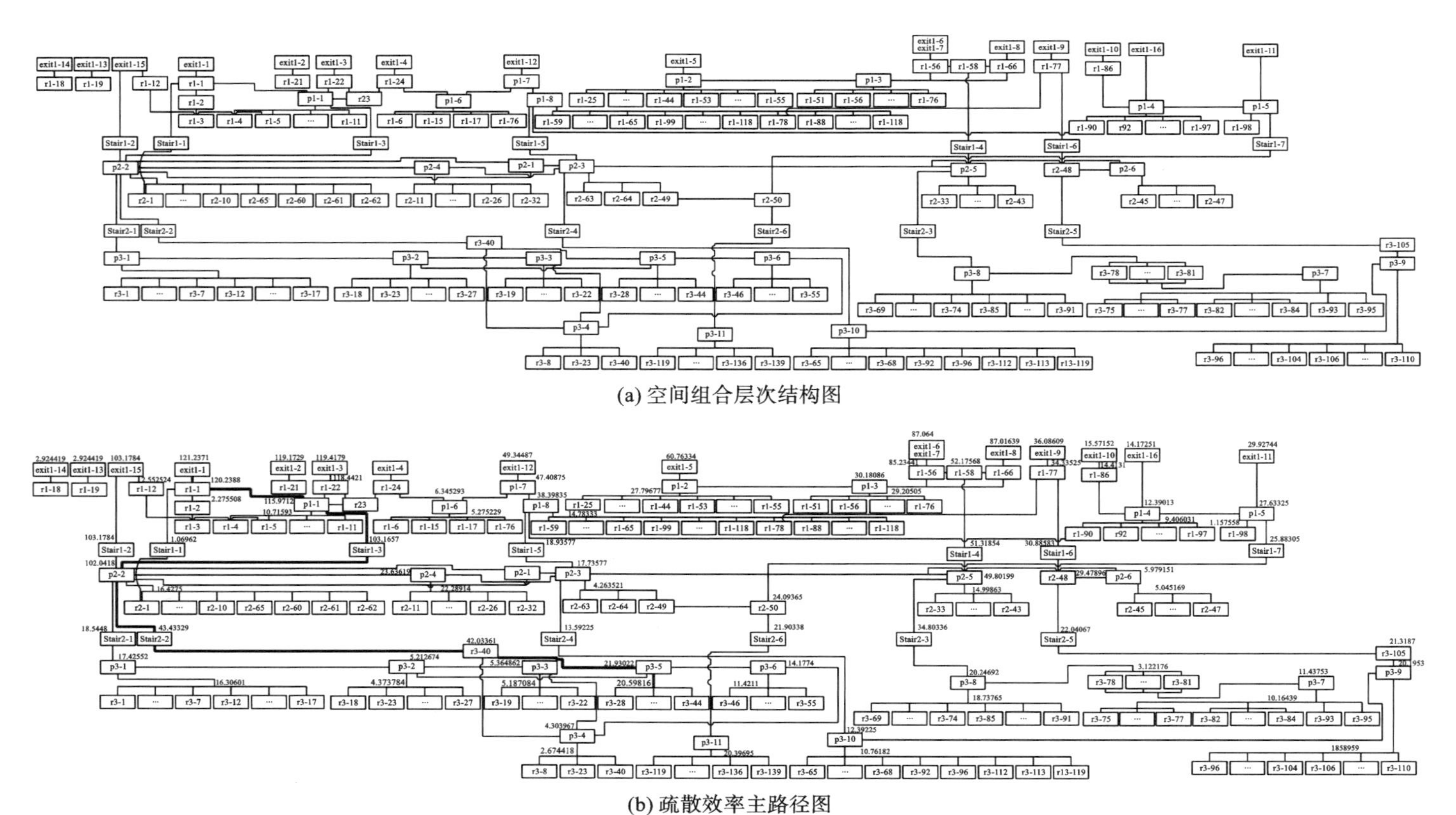

(a) 空间组合层次结构图

(b) 疏散效率主路径图

图 5-27　深圳市孙逸仙心血管医院国际竞标方案的空间组合层次结构图及其疏散主路径图

表 5-7　深圳市孙逸仙心血管医院国际竞标方案的空间组合模式信息统计表

空间组合模式	设计方案中的空间位置示例	疏散效率贡献度	均衡指数
线性	p1-1 区域	10.71593	Theil:0.207 方差:8.9
	p1-2 区域	2.275508	
	p1-3 区域	29.20505	
	p3-1 区域	16.30601	
	p3-2 区域	4.373784	
	p3-5 区域	20.59816	
	p3-11 区域	20.39695	
并列式	p2-4 区域	22.28914	Theil:0.021 方差:3.753
	p1-8 区域	14.78333	
集中式	p1-4 区域	9.406031	Theil:0.08 方差:4.331
	p2-2 区域	16.4575	
	p2-5 区域	14.99863	
	p3-4 区域	4.303967	
	p3-10 区域	12.39225	
辐射式	p2-3 & p2-4,p2-8 区域	41.33171	Theil:0.024 方差:11.453
	p3-9 & p3-4,p3-6,p3-8,p3-9,p3-11 区域	64.23683	
组团式	p3-8 组团区域	32.33872	Theil:0.023 方差:5.679
	p3-9 组团区域	20.98161	

在宏观层次的空间组合模式方面，本书以第 3 层为例进行分析，图 5-28 展示了该楼层的空间组合模式。该图中，＃1 和＃5 部分为线性空间组合模式，＃3 和＃4 部分为组团式空间组合模式，＃2 和＃6 部分为集中式空间组合模式。每个空间内部都有一个楼梯与第 2 层相连；空间与空间之间通过通道连接。

表 5-8 列出了第 3 层宏观空间组合模式对疏散效率贡献度的影响情况。图 5-29 显示了这些宏观空间组合模式的贡献度对比，颜色越深，贡献度越大。从图 5-29 中可以看出，虽然＃3 和＃4 同为组团式空间组合模式，但是由于内部空间布局的差异，两者对疏散效率的贡献度也存在不同，而

表 5-8　第 3 层宏观空间组合模式对疏散效率贡献度

编号	空间组合模式	疏散效率贡献度	Theil 均衡指数
#1	线性	52.03219	0.1745
#2	集中式	33.13857	0.0253
#3	组团式	32.33872	0.0201
#4	组团式	22.26732	−0.0339
#5	线性	21.92933	−0.0353
#6	集中式	12.39225	−0.0606
	整体 Theil 均衡指数		0.09

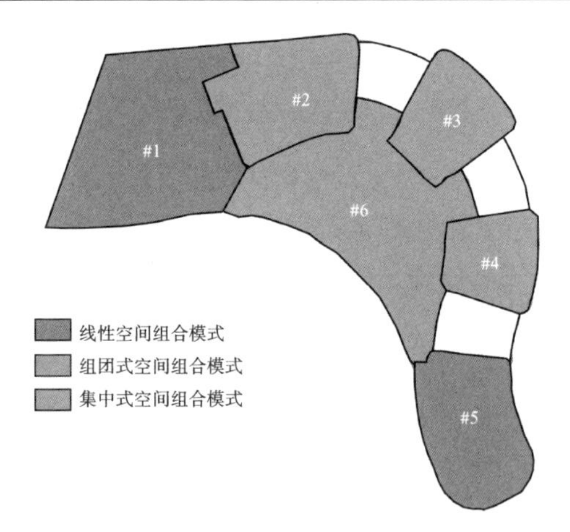

图 5-28　宏观层次上第 3 层的空间组合模式

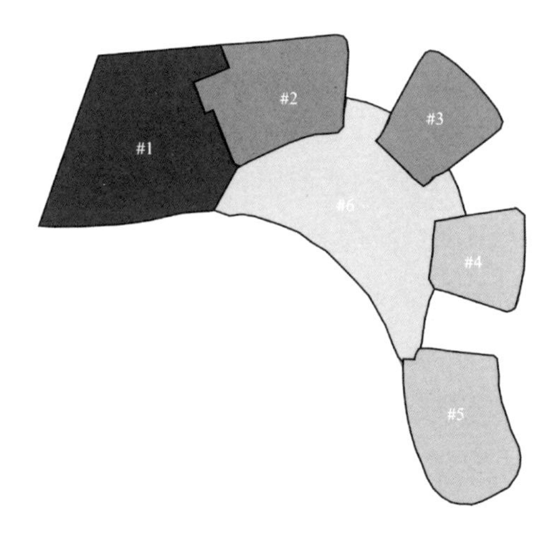

图 5-29　宏观空间组合模式的贡献度对比

＃3与集中式空间的＃2 疏散效率贡献度相当。就宏观层次上的空间组合模式比较结果而言，空间组合＃2、＃3、＃4、＃5 对于均衡指标的影响相对较少，都处于－0.04～0.03，而空间组合＃1 和＃6 则对均衡指标的影响较大，其绝对值都大于 0.04。结合该情形，需要对该层平面进行修改，尤其是对空间组合＃1 和＃5 做调整，使这两块区域的空间能够处于均衡的状态。这说明：宏观层次上的空间组合模式对疏散效率的影响不可忽视，模式内部以及模式之间的连接关系同样对疏散效率产生重要影响。因此，为保障建筑的疏散效率，需要合理规划空间组合模式的层次关系，本书提出的疏散效率贡献度和均衡指数为分析公共建筑的疏散效率提供了新的分析视角，有助于根据设计结果来改进建筑设计方案。

表 5-9 列出了该公共建筑设计方案中各出口的疏散时间、疏散效率贡献度以及这些出口的 Theil 均衡指数统计信息。从表中的统计数值可以看出，各出口所用疏散时间相差较大，方差值为 50.008 s，疏散时间 Theil 均衡指数值也较高，整体 Theil 均衡指数为 0.347，说明该方案的出口设计对疏散效率而言仍具有较大的提升空间。该方案中直接与线性空间组合模式相连接的出口 exit1-3 和 exit1-5 占据了较大的疏散时间，其主要原因是狭长的线性空间相对于集中式空间容易出现拥挤，而且该设计方案中的房间布局导致疏散需求不均。相比较而言，exit1-6、exit1-7、exit1-12 等直接是房间的出口，通过房间与其他组合模式的空间相连接，由于房间具有较大的疏散缓冲作用，所以其疏散效率相对较高。从整体的疏散效率贡献度来看，各出口的方差为 0.452，整体 Theil 均衡指数为 0.054，比该设计方案中空间组合模式疏散时间的整体均衡指数要大。图 5-30 给出了各出口的疏散时间与疏散效率贡献度对比图，从图中可以看出，图 5-30(a)中疏散时间特别长的和特别短的出口，对图 5-30(b)中的疏散时间均衡指标的作用较为明显，比如 exit1-15 和 exit1-6；图 5-30(c)中的疏散效率贡献度则对图 5-30(d)中的均衡指标存在明显的负均衡影响作用和正均衡影响作用，比如 exit1-1～

exit1-3 等都为负均衡影响作用，exit1-12～exit1-14 等则呈现正均衡影响作用。这都说明疏散出口的设计还需要与空间组合模式相互配合，达到疏散效率贡献度的均衡状态，才能取得良好的整体疏散效率。

表 5-9　各出口的疏散统计指标值

出口	所用疏散时间/s	疏散时间 Theil 均衡指数值	疏散效率贡献度	贡献度 Theil 均衡指数值
exit1-1	73.33	0.0233	0.998227	−0.0142
exit1-2	40.8	−0.0117	0.352941	−0.0191
exit1-3	98.38	0.061	0.975808	−0.0147
exit1-4	102.8	0.0684	1.48249	0.0015
exit1-5	42.33	−0.0105	1.360737	−0.0031
exit1-6	11.15	−0.0181	1.829596	0.0166
exit1-7	29.45	−0.0183	1.426146	−0.0007
exit1-8	29.63	−0.0183	1.781978	0.0144
exit1-9	133.65	0.1251	1.750842	0.013
exit1-10	40.4	−0.012	1.158416	−0.0098
exit1-11	32.02	−0.0172	1.161774	−0.0097
exit1-12	30.37	−0.018	1.936121	0.0218
exit1-13	12.15	−0.0072	1.674419	0.0095
exit1-14	12.15	−0.0072	1.674419	0.0095
exit1-15	206.2	0.2852	1.134821	−0.0105
exit1-16	28.95	−0.0185	1.782383	0.0144
整体 Theil 均衡指数	—	0.347	—	0.054
方差	50.008	—	0.452	—

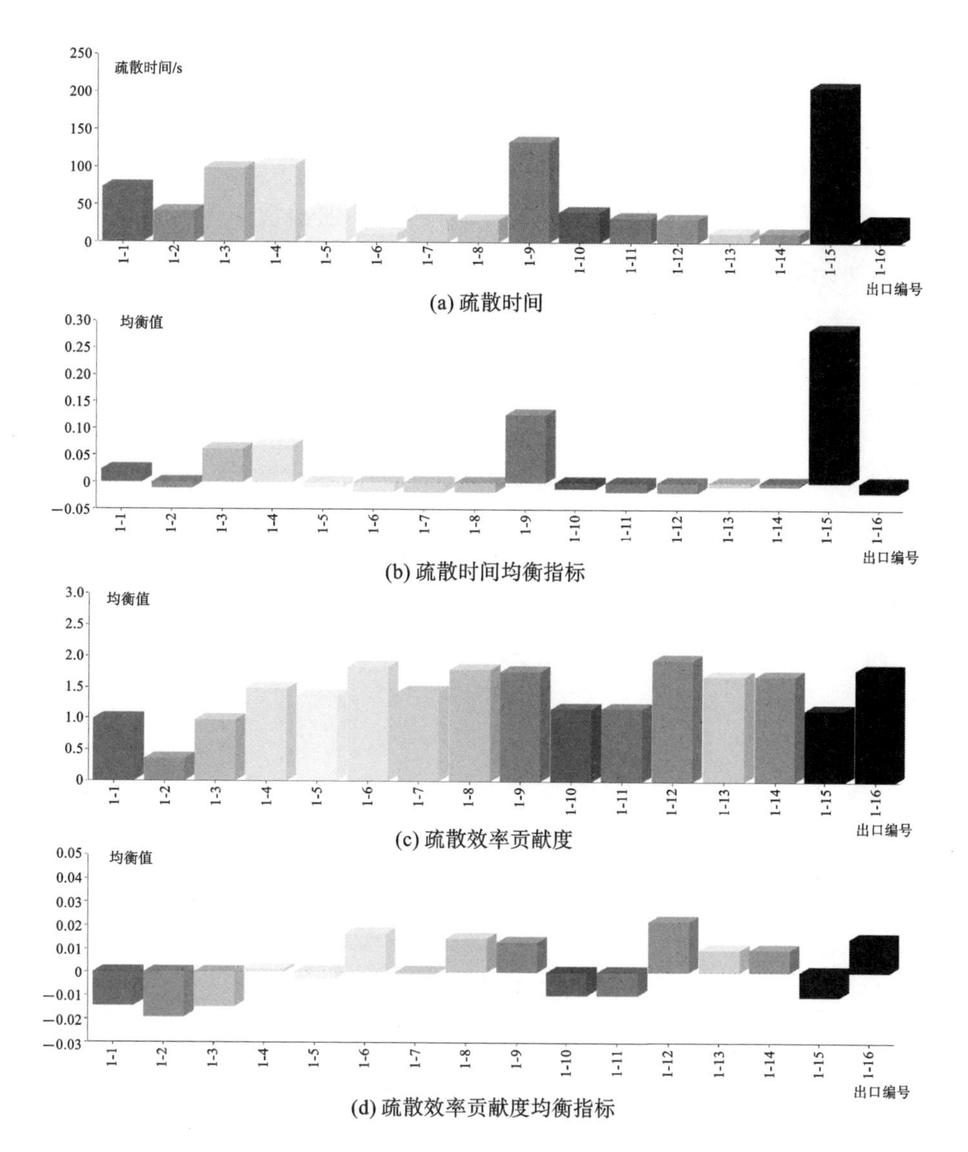

图 5-30　各出口的疏散时间与疏散效率贡献度对比图

5.4 本章小结

本章研发了公共建筑空间疏散效率分析实验原型软件系统，可以实现公共建筑空间信息的自动导入和公共建筑空间内被疏散个体的疏散过程模拟，从而获得所有被疏散个体的疏散时空路径集合，以及各通道、房间对应的疏散评估指标值，为空间组合模式的对比分析提供实验数据。结合模拟出来的公共建筑空间内被疏散个体的疏散时空路径集合以及疏散评估指标值，本章分别对单一空间组合模式、一般简单建筑设计方案、国际竞标大型建筑设计方案等进行分析，得到这些实验案例的疏散效率、疏散效率贡献度、疏散效率贡献主路径及其均衡指标等，证实了所提出概念与方法的正确性和合理性。

6 结论与展望

对建筑而言，任何东西都是有参考价值的。

我们需要多方面的体验。

对我来说只发展一种样式很难。——多米尼克·佩罗

6.1 主要研究工作

面向新形势下公共建筑空间中人员安全的现实需求，本书从多学科交叉角度出发，综合建筑学设计理论与方法、计算机模拟、地理学时空理论等研究成果，针对公共建筑空间组合模式，开展疏散效率贡献度差异的研究。本书以此为一个重要研究契合点，对公共建筑的数字化设计与自动化评估发展趋势进行了初步的积极探索。

本书的研究工作主要包括以下几点。

(1) 提出公共建筑空间疏散评价指标。在充分分析国内外公共建筑空间设计、公共建筑疏散研究现状的基础上，比较了公共建筑的空间要素和疏散要素、多种空间组合模式特点，提炼了这些模式的空间特点给人员疏散带来的可能影响；系统化地分析了公共建筑疏散效率评价指标，包括疏散时间、疏散距离、疏散时空利用率等，并以此为基础，从被疏散个体的疏散时空路径集合的角度，针对目前该指标的理论描述无法支撑疏散情形下的人员自由超越行为的缺点，提出新的支持人员自由超越的公共建筑空间疏散时空利用率这一疏散评价指标，可以统一对通道、房间和空间组合等进行疏散效率评价；构建了从疏散时空路径到疏散效率评价指标的自动化计算思路与方法，为公共建筑空间组合模式的疏散效率的精细化空间对比分析提供理论基础。

（2）建立公共建筑空间疏散评估方法。本书基于被疏散个体的时空可达势能理论思路，定义了被疏散个体的三维元胞自动机疏散模型中的一些重要的规则，包括时空可达势能、路径选择模型、时空超越曲线、时空跟驰曲线、三维空间移动规则、三维空间等待规则等。基于这些规则，本书提出了公共建筑空间疏散效率的三维元胞自动机疏散模拟模型、三层模拟框架以及基于蚁群算法和元胞自动机的建筑空间疏散模拟算法，可以方便实现公共建筑空间的疏散过程模拟。在此基础上，本书建立了被疏散个体时空轨迹集合与疏散效率评价指标的映射方法，最终提出了基于被疏散个体时空轨迹集合的公共建筑空间疏散效率自动化评估方法，可为公共建筑空间模式的疏散效率贡献度分析提供基础的定量化分析方法和技术手段。

（3）形成公共建筑空间对疏散的贡献度量方法。本书首先针对公共建筑设计中对空间组合模式的疏散效率贡献度数值化分析需求，提出公共建筑空间的组合层次结构图概念，用于表达公共建筑空间组合模式的层次间隶属关系以及相互关联关系。然后，本书基于所提出的公共建筑空间组合层次结构图概念，建立了被疏散个体时空轨迹与公共建筑空间组合层次结构图的映射匹配机制，提出了公共建筑空间组合模式的疏散效率贡献度、疏散效率贡献主路径以及疏散效率贡献均衡等概念与指标，可直接用于刻画公共建筑空间组合模式对疏散效率的贡献作用，为公共建筑空间组合模式在疏散效率方面的对比分析提供计算依据，形成面向公共建筑空间组合模式的疏散效率贡献度差异的新的定量化评估方法，为公共建筑空间组合模式的疏散效率及其贡献度分析提供了评价理论与实现方法。

（4）进行实验与分析。本书研发了公共建筑空间疏散效率分析实验原型软件系统，可以实现公共建筑空间数据自动导入和公共建筑空间内被疏散个体的疏散过程模拟，从而获得所有被疏散个体的疏散时空路径集合，以及各通道、房间对应的疏散评估指标值，为空间组合模式的对比分析提供实验数据。本书结合模拟出的公共建筑空间内被疏散个体的疏散时空路径集合以及疏散评估指标值，分别对单一空间组合模式、一般简单建筑设计方案、国际竞标大型建筑设计方案等进行分析，得到这些实验案例的疏散效率、疏散效率贡献度、疏散效率贡献主路径及其均衡指标等，证实了所提出概念与方法的正确性和合理性。

本书的研究成果能够为新安全形势下的公共建筑空间人员疏散提供模拟与分析方法，为公共建筑空间组合模式的设计提供定量化的分析对比数据支撑，为建筑设计师的公共建筑空间设计提供实用的疏散效率分析技术手段，达到提升公共建筑空间疏散效率的目的，进而促进公共建筑空间组合模式设计的科学化发展。

6.2　主要创新点

本书针对公共建筑空间组合模式的疏散效率贡献度差异开展研究工作，主要取得了以下几个方面的创新。

(1) 提出了支持人员自由超越的公共建筑空间疏散评价模型——疏散时空利用率模型。该模型可以用于房间、通道、空间组合等不同空间粒度的疏散时空资源的利用评价，这是除疏散时间和疏散距离之后的一个重要疏散评价指标，可以支撑公共建筑空间的疏散效率自动化评估需求。

(2) 提出了基于被疏散个体时空轨迹的公共建筑空间组合模式疏散效率自动化评估方法。本书提出时空可达势能的概念，用于评价被疏散个体在公共建筑空间内部的可能性选择；以三维元胞自动机为基础，提出了公共建筑空间疏散模拟的框架及其算法，从而建立基于被疏散个体时空轨迹的公共建筑空间组合模式疏散效率自动化评估方法。该方法可以客观描述公共建筑内部任意位置和空间组合内部的疏散效率，弥补了传统的疏散时间和疏散距离等指标无法给出精细时空资源使用程度评价的不足。

(3) 提出了面向公共建筑空间组合模式疏散效率贡献度差异的定量化评估方法。本书提出了公共建筑空间的组合层次结构图概念，反映空间与组合模式之间的关系，提出了公共建筑空间组合模式的疏散效率贡献度概念及其定量计算方法，以及刻画公共建筑空间对疏散效率贡献的主路径和均衡指标等，为客观分析公共建筑空间组合模式的贡献作用提供可定量的分析方法，可以从实际疏散效果评估方面支撑建筑空间的设计与再创造过程，提高公共建筑空间组合模式优化的科学性。

6.3 后续研究展望

本书面向新形势下公共建筑空间中人员安全的现实需求，针对公共建筑空间组合模式，开展疏散效率贡献度差异的研究，取得了一定的研究成果。本书研究成果可以更加精细化反映公共建筑空间在疏散过程中的时空资源被利用情形，以及对整体疏散效率的贡献作用。与传统的公共建筑疏散模拟评价相比，本书提供了一个新的公共建筑空间组合模式分析视角，能够弥补传统公共建筑空间组合设计中缺乏科学有效的建筑空间组合模式疏散评估方法的缺陷，提供了实用的、精细的评价手段。但由于时间有限，本书的研究工作无法做得非常全面，后续将从以下几个方面进一步开展研究。

(1) 公共建筑类型丰富，且有各种规模等级，后续研究将通过集成建筑设计理论，拓展研发的原型系统平台，建立公共建筑设计的数字化评估系统，从而对公共建筑的总体规划、空间布局与功能组织等方面的设计加以辅助和支持。

(2) 高层建筑在我国城市中越来越多地涌现出来。高层建筑与周边环境的高效率疏散连接，是高层建筑设计中的一个重要关注点。后续研究将围绕此问题，研究高层建筑空间与周边环境空间组合模式的连接性能评价方法，并使之与城市规划、景观规划等建立设计理论上的紧密联系，充分发挥数字化建筑设计的优势。

（3）后续研究将结合 Geo Design 的发展趋势，探索公共建筑空间组合模式与公共建筑形体塑造、结构选型间适应性分析方法，引入建筑美学相关理论知识，分析公共建筑空间组合模式在统一、均衡、比例、尺度、韵律、序列、性格、风格、色彩等方面的特征，为公共建筑空间组合模式的科学艺术化设计提供支撑方法。

附录

深圳市孙逸仙心血管医院国际竞标方案中各楼层空间的疏散效率贡献度分布情况

第 1 层		第 2 层		第 3 层	
房间/通道编号	疏散效率贡献度	房间/通道编号	疏散效率贡献度	房间/通道编号	疏散效率贡献度
r1-1	0.922495	r2-1	0.584071	r3-1	1.123715
r1-2	1.118881	r2-2	1.188119	r3-2	1.714286
r1-3	1.156627	r2-3	1.097561	r3-3	1.065719
r1-4	1.26195	r2-4	1.297297	r3-4	1.469388
r1-5	1.420613	r2-5	1.6	r3-5	1.44
r1-6	1.358491	r2-6	0.90566	r3-6	1.285714
r1-7	1.775899	r2-7	1.2	r3-7	1.5
r1-8	1.5	r2-8	1.188119	r3-8	0.647482
r1-9	1.097561	r2-9	1.072797	r3-9	1.142857
r1-10	1.165049	r2-10	1.095954	r3-10	1.333333
r1-11	1.136364	r2-11	1.678322	r3-11	1.297297
r1-12	1.131911	r2-12	1.212121	r3-12	0.619355
r1-13	1.129412	r2-13	1.311475	r3-13	1.263158
r1-14	1.12086	r2-14	1.5	r3-14	1.100917
r1-15	1.122137	r2-15	1.621622	r3-15	1.568627
r1-16	1.212121	r2-16	1.348315	r3-16	1.168831
r1-17	1.116279	r2-17	1.230769	r3-17	0.986301
r1-18	1.25	r2-18	1.230769	r3-18	0.235872
r1-19	1.25	r2-19	1.454545	r3-19	1.066667
r1-20	1.112399	r2-20	1.125	r3-20	1.276596
r1-21	0.377907	r2-21	1.208054	r3-21	1.371429

续表

第1层		第2层		第3层	
房间/通道编号	疏散效率贡献度	房间/通道编号	疏散效率贡献度	房间/通道编号	疏散效率贡献度
r1-22	1.023788	r2-22	1.309091	r3-22	1.472393
r1-23	0.996997	r2-23	1.188119	r3-23	0.404908
r1-24	1.473888	r2-24	1.228669	r3-24	0.35443
r1-25	1.399417	r2-25	1.184211	r3-25	1.170732
r1-26	1.074627	r2-26	1.208054	r3-26	1.081081
r1-27	1.241379	r2-27	1.804511	r3-27	1.126761
r1-28	1.114551	r2-28	1.333333	r3-28	1.333333
r1-29	1.272085	r2-29	1.286863	r3-29	1.428571
r1-30	1.263158	r2-30	1.086675	r3-30	1.170732
r1-31	1.422925	r2-31	1.157556	r3-31	1.2
r1-32	1.2	r2-32	1.25	r3-32	1.311475
r1-33	1.17551	r2-33	1.182266	r3-33	0.758294
r1-34	1.503759	r2-34	1.371429	r3-34	1.263158
r1-35	1.272085	r2-35	1.846154	r3-35	1.142857
r1-36	1.263158	r2-36	1.428571	r3-36	1.116279
r1-37	1.553957	r2-37	1.655172	r3-37	1.2
r1-38	0.9	r2-38	1.103448	r3-38	1.028571
r1-39	1.132075	r2-39	1.052632	r3-39	1.034483
r1-40	1.451613	r2-40	1.243523	r3-40	1.622028
r1-41	1.176471	r2-41	1.548387	r3-41	1.168831
r1-42	1.229508	r2-42	1.272085	r3-42	1.2
r1-43	0.983607	r2-43	1.294964	r3-43	1.469388
r1-44	1.142857	r2-45	2.861685	r3-44	1.15016
r1-45	1.127202	r2-46	1.136364	r3-45	1.269841
r1-46	1.777778	r2-47	1.04712	r3-46	0.941176
r1-47	1.276596	r2-48	1.459144	r3-47	0.840336
r1-48	1.348315	r2-49	0.838844	r3-48	1.212121

续表

第1层		第2层		第3层	
房间/通道编号	疏散效率贡献度	房间/通道编号	疏散效率贡献度	房间/通道编号	疏散效率贡献度
r1-49	1.580334	r2-50	2.190265	r3-49	0.987654
r1-50	1.109057	r2-60	1.666667	r3-50	1.107692
r1-51	1.166667	r2-61	1.237113	r3-51	1.285714
r1-52	1.371429	r2-62	1.169591	r3-52	1.548387
r1-53	0.90566	r2-63	1.039548	r3-53	1.368821
r1-54	1.2	r2-64	1.033708	r3-54	1.161461
r1-55	0.918367	r2-65	1.124555	r3-55	0.967742
r1-56	2.020725	p2-1	1.2	r3-56	1.371429
r1-57	2.181818	p2-2	1.596469	r3-57	0.930233
r1-58	0.857143	p2-3	1.310374	r3-58	1.387283
r1-59	1.348315	p2-4	1.347053	r3-59	1.428571
r1-60	1.121495	p2-5	1.55962	r3-60	1.276596
r1-61	1.066667	p2-6	0.933982	r3-61	1.276596
r1-62	1.170732			r3-62	1.212121
r1-63	1.241379			r3-63	0.967742
r1-64	1.030043			r3-64	1.73913
r1-65	0.863309			r3-65	1.234991
r1-66	1.718191			r3-66	1.217039
r1-67	1.310044			r3-67	1.030043
r1-68	1.053472			r3-68	0.944544
r1-69	1.283951			r3-69	1.309091
r1-70	1.621622			r3-70	1.428571
r1-71	1.6			r3-71	1.058965
r1-72	1.333333			r3-72	1.875
r1-73	0.912548			r3-73	1.804511
r1-74	1.170732			r3-74	1.182266
r1-75	1.454545			r3-75	1.311475

续表

第1层		第2层		第3层	
房间/通道编号	疏散效率贡献度	房间/通道编号	疏散效率贡献度	房间/通道编号	疏散效率贡献度
r1-76	1.678322			r3-76	1.368821
r1-77	1.693198			r3-77	1.107692
r1-78	1.75622			r3-78	0.717489
r1-79	1.304348			r3-79	0.373541
r1-80	1.182266			r3-80	1
r1-81	1.263158			r3-81	1.031149
r1-82	1.263158			r3-82	1.066667
r1-84	1.5			r3-83	1.454545
r1-85	1.548387			r3-84	1.387283
r1-86	2.022966			r3-85	1.371429
r1-87	1.243523			r3-86	1.170732
r1-88	1.518987			r3-87	1.333333
r1-89	1.049563			r3-88	1.371429
r1-90	1.135135			r3-89	1.777778
r1-91	1.481481			r3-90	1.454545
r1-92	1.571649			r3-91	1.6
r1-93	1.453287			r3-92	1.777778
r1-94	1.309091			r3-93	1.333333
r1-95	1.196736			r3-95	1.134573
r1-96	1.2			r3-96	1.285714
r1-97	1.493002			r3-97	0.987654
r1-98	1.157556			r3-98	1.777778
r1-99	1.5			r3-99	1.387283
r1-100	1.2			r3-100	1.230769
r1-101	1.333333			r3-101	1.043478
r1-102	1.182266			r3-102	1.142857
r1-103	0.967742			r3-103	1.846154

续表

第 1 层		第 2 层		第 3 层	
房间/通道编号	疏散效率贡献度	房间/通道编号	疏散效率贡献度	房间/通道编号	疏散效率贡献度
r1-104	1.322314			r3-104	1.967213
r1-105	1.621622			r3-105	1.123404
r1-106	1.411765			r3-106	1.212121
r1-107	1.5			r3-107	1.276596
r1-108	1.621622			r3-108	1.428571
r1-109	1.454545			r3-109	1.153846
r1-110	1.333333			r3-110	0.849558
r1-111	1.568627			r3-111	0.948617
r1-112	1.142857			r3-112	1.839294
r1-113	1.387283			r3-113	0.955844
r1-114	1.714286			r3-114	0.859002
r1-115	1.5			r3-115	1.0456
r1-116	1.387283			r3-116	1.125782
r1-117	1.2			r3-117	1.250543
r1-118	1.2			r3-118	1.043478
p1-1	2.089613			r3-119	0.476569
p1-2	2.785714			r3-120	1.032258
p1-3	2.984101			r3-121	1.083521
p1-4	2.576797			r3-122	1.108545
p1-5	1.950197			r3-123	1.078652
p1-6	1.070064			r3-124	1.133858
p1-7	2.665108			r3-125	1.538462
p1-8	4.679245			r3-126	0.669923
				r3-127	1.340782
				r3-128	1.006993
				r3-129	1.37931
				r3-130	0.808081

续表

第 1 层		第 2 层		第 3 层	
房间/通道编号	疏散效率贡献度	房间/通道编号	疏散效率贡献度	房间/通道编号	疏散效率贡献度
				r3-131	0.849558
				r3-132	1.359773
				r3-133	0.484848
				r3-134	1.297297
				r3-135	1.21519
				r3-136	1.333333
				r3-139	1.2
				p3-1	1.119507
				p3-2	0.83889
				p3-3	0.177778
				p3-4	1.629549
				p3-5	1.332057
				p3-6	2.756303
				p3-7	1.273138
				p3-8	1.50927
				p3-9	1.605709
				p3-10	1.630435
				p3-11	1.532381

参考文献

[1] ABDULLAH N A G, BEH S C, TAHIR M M, et al. Architecture design studio culture and learning spaces: a holistic approach to the design and planning of learning facilities[J]. Procedia-Social and Behavioral Sciences, 2011(15): 27-32.

[2] BALASUBRAMANIAN V, KALASHNIKOV D V, MEHROTRA S, et al. Efficient and Scalable Multi-Geography Route Planning[C]// Proceedings of Advances in Database Technology EDBT 2010-13th International Conference on Extending Database Technology. New York: Association for Computing Machinery, 2010: 394-405.

[3] BALDUCELLI C, D'ESPOSITO C, Genetic agents in an EDSS system to optimize resources management and risk object evacuation [J]. Safety Science, 2010(35): 59-73.

[4] BESSERUD K, KATZ N, BEGHINI A. Structural Emergence: Architectural and Structural Design Collaboration at SOM [J]. Architectural Design, 2013, 83(2): 48-55.

[5] BESSERUD K, SARKISIAN M, ENQUIST P, et al. Scales of Metabolic Flows: Regional, Urban and Building Systems Design at SOM[J]. Architectural Design, 2013, 83(4): 86-93.

[6] CARTER D J, WHITEHEAD B. The use of cluster analysis in multi-storey layout planning[J]. Building Science, 1975, 10(4): 287-296.

[7] CHEN P H, FENG F. A fast flow control algorithm for real-time emergency evacuation in large indoor areas[J]. Fire Safety Journal, 2009, 44(5): 732-740

[8] COLOMBO R M, ROSINI M D. Pedestrian flows and non-classical shocks[J]. Mathematical Methods in the Applied Sciences,2005(28):1553-1567.

[9] DEL RÍO-CIDONCHA M G, IGLESIAS J E, MARTÍNEZ-PALACIOS J. A comparison of floorplan design strategies in architecture and engineering[J]. Automation in Construction,2007,16(5):559-568.

[10] ELHADIDI B, KHALIFA H E. Comparison of coarse grid lattice Boltzmann and Navier Stokes for real time flow simulations in rooms [J]. Building Simulation,2013,6(2):183-194.

[11] ELVEZIA M C. Phased evacuation: An optimisation model which takes into account the capacity drop phenomenon in pedestrian flows [J]. Fire Safety Journal,2009,44(4):532-544.

[12] FANG Z X, LI Q Q, LI Q P, et al. A Proposed Pedestrian Waiting-Time Model for Improving Space-Time Use Efficiency in Stadium Evacuation Scenarios[J]. Building and Environment,2011,46(9):1774-1784.

[13] FANG Z X, LI Q P, LI Q Q, et al. A space-time efficiency model for optimizing intra-intersection vehicle-pedestrian evacuation movements [J]. Transportation Research Part C: Emerging Technologies,2013(31):112-130.

[14] FANG Z, SONG W, ZHANG J, et al. Experiment and modeling of exit-selecting behaviors during a building evacuation[J]. Physica A: Statistical Mechanics and its Applications,2010,389(4):815-824.

[15] FANG Z. M, SONG W G, LI Z J, et al. Experimental study on evacuation process in a stairwell of a high-rise building[J]. Building and Environment,2012,47(0):316-321.

[16] FRUIN J J. Pedestrian planning and design [M]. New York:

Metropolitan Association of Urban Designers and Environmental,1971.

[17] GALIZA R,Ferreira L. A methodology for determining equivalent factors in heterogeneous pedestrian flows [J]. Computers, Environment and Urban Systems,2013,39(0):162-171.

[18] GIJÓN-RIVERA M,XAMÁN J,ÁLVAREZ G,et al. Coupling CFD-BES Simulation of a glazed office with different types of windows in Mexico City[J]. Building and Environment,2013,68(0):22-34.

[19] GRABNER T,FRICK U. GECO™: Architectural Design Through Environmental Feedback[J]. Architectural Design, 2013, 83(2): 142-143.

[20] GUERRA S O,ITARD L,VISSCHER H. The effect of occupancy and building characteristics on energy use for space and water heating in Dutch residential stock[J]. Energy and Buildings,2009,41(11):1223-1232.

[21] GUO R Y,Huang H J. A mobile lattice gas model for simulating pedestrian evacuation[J]. Physica A: Statistical Mechanics and its Applications,2008,387(2-3):580-586.

[22] GUYLÈNE P. Evacuation time and movement in apartment buildings[J]. Fire Safety Journal,1995,24(3):229-246.

[23] HAN L D, YUAN F, URBANIK II T. What is an effective evacuation operation? [J] Journal of Urban Planning and Development,2007,133(1):3-8.

[24] HENEIN C M, WHITE T. A gent-based modelling of forces in crowds[C]//Proceedings of the 2004 international conference on Multi-Agent and Multi-Agent-Based Simulation, 2005 (3415): 173-184.

[25] HENRI T. Economics and information theory[M]. Amsterdam: North-Holland Pub. Co. ,1967.

[26] KOBES M, HELSLOOT I, DE VRIES B, et al. Way finding during fire evacuation: an analysis of unannounced fire drills in a hotel at night[J]. Building and Environment, 2010, 45(3): 537-548.

[27] KOBES M, HELSLOOT I, DE VRIES B, et al. Building safety and human behaviour in fire: a literature review[J]. Fire Safety Journal, 2010(45): 1-11.

[28] KOLBE T H. Augmented Videos and Panoramas for Pedestrian Navigation[C]//Proceedings of the 2nd Symposium on Location Based Services & Telecartography, Vienna, 2003.

[29] LÄMMEL G, GRETHER D, NAGEL K. The representation and implementation of time-dependent inundation in large-scale microscopic evacuation simulations[J]. Transportation Research Part C, 2010(18): 84-98.

[30] MAHER M L, SIMOFF S J, MITCHELL J. Formalising Building Requirements Using an Activity/Space Model[J]. Automation in Construction, 1997, 6(2): 77-95.

[31] MURAKAMI Y, MINAMI K, KAWASOE T, et al. Multi-agent simulation for crisis management[C]//Proceedings of the IEEE Workshop on Knowledge Media Networking. Washington DC: IEEE Computer Society, 2002: 135-139.

[32] OXMAN R. Digital architecture as a challenge for design pedagogy: theory, knowledge, models and medium[J]. Design Studies, 2008, 29(2): 99-120.

[33] OVEN V A, CAKICI N. Modelling the evacuation of a high-rise office building in Istanbul[J]. Fire Safety Journal, 2009, 44(1): 1-15.

[34] PARAMITA B, FUKUDA H. Study on the Affect of Aspect Building Form and Layout Case Study: Honjo Nishi Danchi, Yahatanishi, Kitakyushu-Fukuoka [J]. Procedia Environmental

Sciences,2013(17):767-774.

[35] PELECHANO N, MALKAWI A. Evacuation simulation models: Challenges in modeling high rise building evacuation with cellular automata approaches[J]. Automation in Construction,2008,17(4): 377-385.

[36] PETERS B. Computation Works: The Building of Algorithmic Thought[J]. Architectural Design,2013,83(2):8-15.

[37] PURSALS S C, GARZÓN F G. Optimal building evacuation time considering evacuation routes[J]. European Journal of Operational Research,2009,192(2):692-699.

[38] LIANG Q,JIN H Y. The Study on Safety Evaluation of Evacuation in a Large Supermarket [J]. Procedia Engineering, 2011 (11): 273-279.

[39] REN A,CHEN C,LUO Y. Simulation of Emergency Evacuation in Virtual Reality[J]. Tsinghua Science & Technology,2008,13(5): 674-680.

[40] KOECK R,陈冰,孙晓峰,等. 空间的影像构造[J]. 建筑学报,2012(9):80-85.

[41] RÜPPEL U,SCHATZ K. Designing a BIM-based serious game for fire safety evacuation simulations [J]. Advanced Engineering Informatics,2011,25(4):600-611.

[42] SUTER G. Structure and spatial consistency of network-based space layouts for building and product design[J]. Computer-Aided Design, 2013,45(8-9):1108-1127.

[43] TALBOURDET F,MICHEL P,ANDRIEUX F,et al. A knowledge-aid approach for designing high-performance buildings[J]. Building Simulation,2013,6(4):337-350.

[44] TANG F, ZHANG X. A GIS-Based 3D Simulation for Occupant

Evacuation in a Building[J]. Tsinghua Science & Technology,2008,13(S1):58-64.

[45] WU G Y,CHIEN S W,HUANG Y T. Modeling the occupant evacuation of the mass rapid transit station using the control volume model[J]. Building and Environment,2010,45(10):2280-2288.

[46] XIE C,TURNQUIST M A. Lane-based evacuation network optimization:an integrated Lagrangian relaxation and tabu search approach[J]. Transportation Research Part C,2011,19(1):40-63.

[47] YUAN F,HAN L D. Improving evacuation planning with sensible measure of effectiveness choice:case study[J]. Transportation Research Record,2018(2137):54-62.

[48] ZHENG X P,ZHONG T K,LIU M T. Modeling crowd evacuation of a building based on seven methodological approaches[J]. Building and Environment,2009(44):437-445.

[49] ZHI G S,LO S M,FANG Z. A graph-based algorithm for extracting units and loops from architectural floor plans for a building evacuation model[J]. Computer-Aided Design,2003,35(1):1-14.

[50] 安源.基于自组织理论的建筑空间演化与设计研究[D].大连:大连理工大学,2009.

[51] 白晓霞.医院建筑空间系统功能效率研究[D].哈尔滨:哈尔滨工业大学,2011.

[52] 包家玲.办公建筑空间的组合[J].黑龙江纺织,2007(1):39-41.

[53] 鲍家声,鲍莉.动态社会可持续发展的开放建筑研究[J].建筑学报,2013(1):27-29.

[54] 亓延军,梅鹏,陆松.基于模糊层次分析法的某超高层建筑疏散效率分析[J].火灾科学,2011,20(4),185-192.

[55] 毕伟民.基于火灾动力学和疏散理论耦合的人员疏散研究[D].西安:西安建筑科技大学,2008.

[56] 浦欣成,王竹,高林,等.乡村聚落平面形态的方向性序量研究[J].建筑学报,2013(5):111-115.
[57] 柴广益,林铠.应重视建筑设计中的防人身伤害设计[J].重庆建筑大学学报,2004,26(Z1):49-50.
[58] 曹辉.建筑综合体防火安全疏散设计策略研究[D].上海:同济大学,2006.
[59] 陈大锦.建筑:形式、空间、秩序[M].天津:天津大学出版社,2005.
[60] 陈庚.基于网络理论的开放空间人群疏散研究[D].天津:南开大学,2007.
[61] 陈海涛,仇九子,杨鹏,等.一种高层建筑楼、电梯疏散模型的模拟研究[J].中国安全生产科学技术,2012,8(10):48-53.
[62] 陈晋,张盼娟,杨伟,等.基于系统动力学模型的影剧院人员疏散策略[J].自然灾害学报,2005,14(6):125-132.
[63] 陈琦,庄惟敏.空间的生产与消费:对当代建筑空间复杂性的解析[J].新建筑,2011(3):11-14.
[64] 陈聚丰.中小城市行政办公建筑空间设计研究[D].长沙:湖南大学,2012.
[65] 陈鹏,王晓璇,刘妙龙.基于多智能体与GIS集成的体育场人群疏散模拟方法[J].武汉大学学报(信息科学版),2011,36(2):133-139.
[66] 陈涛,应振根,申世飞.相对速度影响下社会力模型的疏散模拟与分析[J].自然科学进展,2006,16(12):1606-1612.
[67] 邓磊.城市共享化的建筑空间设计研究[D].重庆:重庆大学,2005.
[68] 崔喜红,李强,陈晋,等.基于多智能体技术的公共场所人员疏散模型研究[J].系统仿真学报,2008,20(4):1006-1010.
[69] 崔岩,赵涛,刘聪.城市中的建筑 建筑中的城市——大连国际会议中心设计[J].建筑学报,2013(2):22-35.
[70] 代宝乾.公共聚集场所出口应急疏散能力研究[D].北京:中国矿业大学,2010.

［71］ 邓赵君.传统民居聚落形态向现代城市住宅空间的演变[D].武汉：武汉理工大学，2006.

［72］ 杜文丽.设有中庭的高层建筑防火安全疏散设计的研究[D].武汉：武汉理工大学，2005.

［73］ 段鹏飞.面向校园疏散的均衡模型与疏导优化方法研究[D].武汉：武汉理工大学，2013.

［74］ 范珉.公共建筑突发集群事件预警管理系统研究[D].西安：西安建筑科技大学，2010.

［75］ 方涛.博物馆建筑空间整合设计研究[D].哈尔滨：哈尔滨工业大学，2008.

［76］ 方志祥，李清泉，萧世伦.基于时间地理的位置相关时空可达性表达方法[J].武汉大学学报信息科学版，2010，35(9)：1091-1095.

［77］ 傅荣生.性能化设计在大空间展览建筑疏散设计中的应用[J].消防科学与技术，2011，30(2)：112-114.

［78］ 冯果川，蒋琳，郇昌磊，等.从户型到户间 从结果到过程——保障房设计的住户参与[J].建筑学报，2012(2)：20-22.

［79］ 高福聚.空间结构仿生工程学的研究[D].天津：天津大学，2002.

［80］ 高巍.大型超市建筑空间形态分析[D].西安：西安建筑科技大学，2003.

［81］ 耿化民，华超.基于运筹学思想的建筑设计方法研究[J].四川建筑科学研究，2011(37)：257-261.

［82］ 郭志明.建筑单元空间组合研究[D].上海：同济大学，2006.

［83］ 郭湘闽，刘长涛.基于空间句法的城中村更新模式——以深圳市平山村为例[J].建筑学报，2013(3)：1-7.

［84］ 韩晓峰，韩冬青.理解·策略——建筑设计作品分析与建筑设计过程中的分析之比较[J].建筑学报，2008(9)：18-21.

［85］ 贺丽洁.高校餐饮建筑空间设计研究[D].哈尔滨：哈尔滨工业大学，2007.

[86] 何招娟. 基于 BIM 的大型公共场馆安全疏散研究[D]. 武汉:华中科技大学,2012.

[87] 侯兆铭. 技术创新视阈下的高层建筑创作研究[D]. 哈尔滨:哈尔滨工业大学,2008.

[88] 黄珏倩. 平面大空间钢结构抗火研究[D]. 上海:同济大学,2006.

[89] 黄选美. 当代公共建筑空间的设计伦理探究[D]. 长沙:湖南师范大学,2010.

[90] 黄学谦. 建筑空间的自相似建构[D]. 杭州:中国美术学院,2010.

[91] 胡海军,邱凌燕. 城市建筑空间的营建[J]. 中华民居,2012(3):337-338.

[92] 胡清梅. 大型公共建筑环境中人群拥挤机理及群集行为特性的研究[D]. 北京:北京交通大学,2006.

[93] 胡仁茂. 大空间建筑设计研究[D]. 上海:同济大学,2006.

[94] 胡震. 高校建筑空间应灾设计研究[D]. 哈尔滨:哈尔滨工业大学,2011.

[95] 金华. 非线性建筑的建筑空间表达方式探究[D]. 合肥:合肥工业大学,2011.

[96] 孔维伟. 多层地铁交通枢纽人员安全疏散研究[D]. 北京:北京建筑工程学院,2010.

[97] 季经纬,武爽,赵平,等. 大型超市火灾情况下人员疏散模拟分析[J]. 中国安全生产科学技术,2011(10):36-40.

[98] 蒋桂梅,纪庆革. 基于力的人群疏散仿真模型[J]. 计算机工程与设计,2010,31(13):3070-3080.

[99] 黎昌海. 船舶封闭空间池火行为实验研究[D]. 合肥:中国科学技术大学,2010.

[100] 李秋萍. 人车混行疏散路径分配与路网配置的优化方法[D]. 武汉:武汉大学,2013.

[101] 李娜,孙莞,单鹏宇. 个人行为对建筑空间的需求解析[J],中国新技

术新产品,2011(9):143-145.

[102] 李晚珍.建筑空间结构的设计与优化[J].煤炭技术,2012,31(2):119-121.

[103] 李伟.对包含障碍墙的某建筑空间内的人群疏散效果的仿真研究[D].北京:北京化工大学,2010.

[104] 李小鹭.对多层民用建筑疏散楼梯设置形式的探讨[J].科技资讯,2012(30):33-35.

[105] 李晓锋,周均清,王乘.科学技术对建筑空间的影响与推动[J].华中科技大学学报(城市科学版),2006,23(2):71-74.

[106] 李学军.体育馆建筑结构概念设计研究[D].北京:北京工业大学,2005.

[107] 李勇.PSO算法在单层建筑物人群疏散仿真中的应用[D].广州:中山大学,2010.

[108] 李肇颖.垂直交通与建筑空间分析——以四个现代建筑为例[D].上海:同济大学,2008.

[109] 李志民,王琰.建筑空间环境与行为[M].武汉:华中科技大学出版社,2009.

[110] 林嵘,张会明.探究建筑空间组织方式——论单元空间的重复与组合[J].建筑学报,2004(6):35-37.

[111] 林磊,魏秦.街道建筑空间更新和谐论[J].华中建筑,2013(4):17-19.

[112] 刘晓平,张高峰,曹力.面向场景的人群疏散并行化仿真[J],系统仿真学报,2008,20(18):4809-4816.

[113] 刘敏,张素莉,潘欣.基于多智能体的人员疏散过程的模拟研究[J].长春工程学院学报(自然科学版),2010,11(4):90-92.

[114] 刘海力.公共建筑空间界面一体化设计[D].长沙:湖南大学,2010.

[115] 刘俊卿.基于时间优化的多出口紧急疏散决策研究[D].北京:北京化工大学,2010.

[116] 刘茂,王振.行人和疏散动力学研究现状及进展[J].安全与环境学报,2006,6(Z1):121-125.
[117] 刘永德.建筑空间的形态·结构·涵义·组合[M].天津:天津科学技术出版社,1998.
[118] 陆海鹏,周铁军.对传统建筑空间中模糊空间的初探[J].重庆建筑大学学报,2005,27(3):19-22.
[119] 宁奇峰.国际品牌酒店设计中的多元要素[J].建筑学报,2013(5):15-19.
[120] 吕斌,张玮璐,王璐,等.城市公共文化设施集中建设的空间绩效分析——以广州、天津、太原为例[J].建筑学报,2012(7):1-7.
[121] 梁路.现代办公建筑空间的人性化设计研究[D].重庆:重庆大学,2006.
[122] 罗毅勇.某大空间建筑的人员安全疏散性能化评估及消防相关问题[D].重庆:重庆大学,2007.
[123] 逄敏莉.试论室内设计对建筑内部空间的补充和提升[D].大连:辽宁师范大学,2010.
[124] 穆清.非线性建筑空间解析[D].大连:大连理工大学,2006.
[125] 彭一刚.建筑空间组合论[M].北京:中国建筑工业出版社,1998.
[126] 齐康.空间.时间.建筑[J].中国科学(E辑:技术科学),2009,39(5):821-824.
[127] 秦晓彦.复杂空间组织下铁路客站空间的可识别性设计研究[D].成都:西南交通大学,2011.
[128] 任军.当代科学观影响下的建筑形态研究[D].天津:天津大学,2007.
[129] 时匡.公共建筑组群设计实践笔记[J].建筑学报,2012(7):32-35.
[130] 沈超.徽州祠堂建筑空间研究[D].合肥:合肥工业大学,2009.
[131] 深圳市博远空间文化发展有限公司.国际竞标建筑年鉴[M].南京:江苏人民出版社,2012.

[132] 宋卫国.一种考虑摩擦和排斥的人员疏散元胞自动机模型[J].中国科学,2005,35(7):725-736.

[133] 宋卫国,张俊,胥旋,等.一种考虑人数分布特性的人员疏散格子气模型[J].自然科学进展,2008,18(5):552-558.

[134] 孙莞.基于个人行为的建筑空间设计研究[D].哈尔滨:哈尔滨工业大学,2007.

[135] 孙晋龙.基于安全疏散中行人行为分析的建筑物性能化设计研究[D].太原:太原理工大学,2011.

[136] 孙立,赵林度.基于群集动力学模型的密集场所人群疏散问题研究[J].安全与环境学报,2007,7(5):124-127.

[137] 覃力.高层建筑空间构成模式研究[J].建筑学报,2001(4):17-20.

[138] 唐方勤,任爱珠,傅爱华.集成环境下建筑内人员的疏散模拟[J].计算机工程,2011,37(12):4-6.

[139] 唐建,宋奕辰.建筑空间的冗余性研究[J].山西建筑,2010,36(26):1-2.

[140] 唐瑾,张文金.建筑空间·文化·情感[J].中国园艺文摘,2011,27(5):101-102.

[141] 谭抗生.福建客家土楼的建筑空间研究[D].南京:南京艺术学院,2008.

[142] 田玉敏,蔡晶箐.基于人群动力学的疏散时间工程计算方法的探讨[J].科学通报,2008,24(1):138-142.

[143] 王伟华,陈昊,王凯中.城市公共化建筑空间研究[J].中华民居,2011(3):56.

[144] 王东明.分析公共建筑空间的组合设计[J].世界家苑,2013(5):287.

[145] 王富章,王英杰,李平.大型公共建筑物人员应急疏散模型[J].中国铁道科学,2008,29(4):132-137.

[146] 王浩.建筑更新的关联性研究[D].天津:天津大学,2006.

[147] 王厚华,李慧,熊杰.多功能建筑火灾人员安全疏散模拟[J].同济大学学报(自然科学版),2010,38(8):1141-1145.

[148] 王振.城市公共场所人群聚集风险理论及其应用研究[D].天津:南开大学,2007.

[149] 王振,刘茂.人群疏散的动力学特征及疏散通道堵塞的恢复[J].自然科学进展,2008,18(2):179-185.

[150] 文佳银.试论建筑空间的设计[J],建材发展导向,2012,10(1):31-32.

[151] 翁小雄,魏震.基于家庭集群模式的高层住宅紧急疏散模型优化[J].工程科技,2011,21(4):26-31.

[152] 翁韬,胡隆华.大型商业建筑人员整体疏散与层次疏散效率对比模拟研究[J].中国安全生产科学技术,2012,8(8):157-161.

[153] 武宁.京西地区传统聚落空间结构研究[D].北京:北京建筑工程学院,2008.

[154] 夏非.当代建筑空间叠合形态初探[D].南京:东南大学,2006.

[155] 肖东升.基于GIS和CA的地震灾害压埋人员情景分析与评估理论[D].成都:西南交通大学,2009.

[156] 肖宏.从传统到现代——徽州建筑文化及其在现代室内设计中的继承与发展研究[D].南京:南京林业大学,2007.

[157] 谢正良.大空间建筑性能化防火设计研究[D].上海:同济大学,2007.

[158] 胥旋.人员疏散多格子模型的理论与实验研究[D].合肥:中国科学技术大学,2009.

[159] 徐茜子.基于GIS的人群疏散仿真系统的应用研究[D].南京:南京航空航天大学,2010.

[160] 薛铁军.医疗建筑空间与流线组织的人性化[D].天津:天津大学,2004.

[161] 薛清华.建筑空间构成元素在建筑设计中的应用[J].山西建筑，2011,37(26):36-37.

[162] 阎卫东.建筑物火灾时人员行为规律及疏散时间研究[D].沈阳:东北大学,2006.

[163] 杨念.基于多智能体的大规模人群疏散模拟技术研究[D].武汉:武汉理工大学,2011.

[164] 杨坤.创意产业园的建筑空间研究[D].大连:大连理工大学,2006.

[165] 杨靖.城市公共化的建筑空间探究[J].新建筑,2004(2):48-52.

[166] 杨勇.关于开敞空间在城市避难疏散过程中的若干问题初探[D].重庆:重庆大学,2009.

[167] 叶尔森.哈萨克族毡房建筑空间解析[D].天津:天津大学,2009.

[168] 叶君放.建筑空间结构的分析与评价——基于空间可达性与可理解性[D].重庆:重庆大学,2007.

[169] 叶芸.结构的重组——叙事文本和建筑空间的对比分析[D].南京:东南大学,2010.

[170] 岳欢.历史街区的保护性城市设计研究[D].成都:西南交通大学,2008.

[171] 余馨.中国传统楼阁建筑空间探析[D].沈阳:沈阳建筑大学,2011.

[172] 袁红.城市建筑空间的人本设计[J].海南大学学报(自然科学版),2001,19(3):236-239.

[173] 曾红艳.人员紧急疏散模型的研究及仿真分析[J].科学技术与工程,2010,10(30):7559-7562.

[174] 曾鹏.当代城市创新空间理论与发展模式研究[D].天津:天津大学,2007.

[175] 曾旭东,赵昂.计算机辅助建筑设计(CAAD)的发展趋势——虚拟建筑(Virtual Building)设计将成为主流[J].重庆建筑大学学报,2006,28(1):21-24.

[176] 张成明.建筑空间调式浅析[J].安徽建筑,2010(6):10-11.
[177] 张峰率.基于商业空间结构演化下的大型商业建筑新特征[D].长沙:湖南大学,2012.
[178] 张红.城市建筑空间与城市交通空间的整合研究[D].济南:山东大学,2009.
[179] 张杰.公众聚集场所室内火灾时人员安全疏散研究[D].淮南:安徽理工大学,2011.
[180] 张培红,陈宝智.刘丽珍.虚拟现实技术与火灾时人员应急疏散行为研究[J].中国安全科学学报,2002,12(1):46-50.
[181] 张茜,陈涛,吕显智.建筑智能疏散系统构架[J].消防科学与技术,2011,30(3):205-207.
[182] 章泉丰.坡地建筑群空间结构研究[D].南京:东南大学,2009.
[183] 张伟力,赵林度.基于格子气模型的宿舍火灾人群疏散研究[J].安全与环境学报,2010,10(1):169-172.
[184] 周伟.建筑空间解析及传统民居的再生研究[D].西安:西安建筑科技大学,2004.
[185] 周勇,张和平,万玉田.人员疏散拥堵问题的博弈分析[J].中国安全科学学报,2008,18(8):131-134.
[186] 钟平.受限空间人员疏散模型的博弈论分析[J].安防科技,2010(5):43-57.
[187] 朱雷.要素与机制——从设计操作角度出发的建筑空间及教学研究[D].南京:东南大学,2007.
[188] 朱丽娜.城市公共建筑空间的无障碍设计研究[D].济南:山东建筑大学,2009.
[189] 朱建中.几种建筑空间利用的方案评析[J].住宅科技,2005(12):13-15.
[190] 朱书敏.基于火灾双区模型的建筑人员疏散复合模拟研究[D].长

沙:中南大学,2010.
[191] 朱小地."层"论——当代城市建筑语言[J].建筑学报,2012(1):6-11.
[192] 宗欣露.多目标人车混合时空疏散模型研究[D].武汉:武汉理工大学,2011.